U0187391

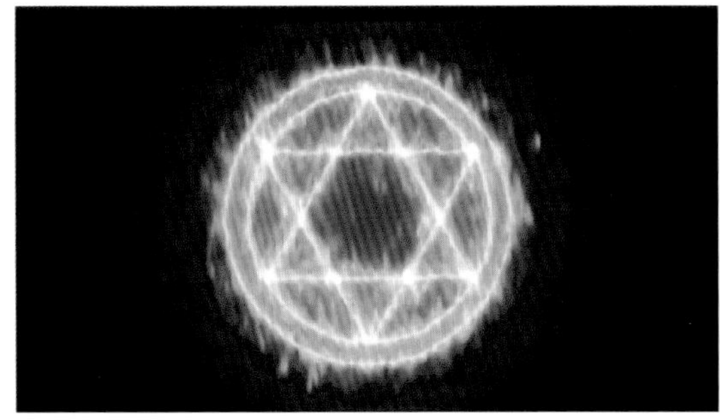

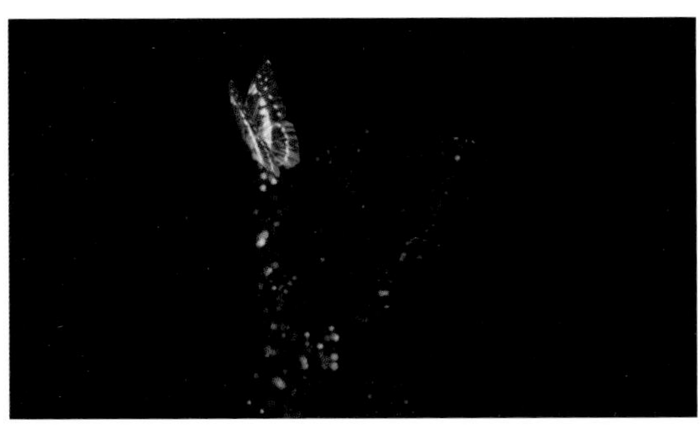

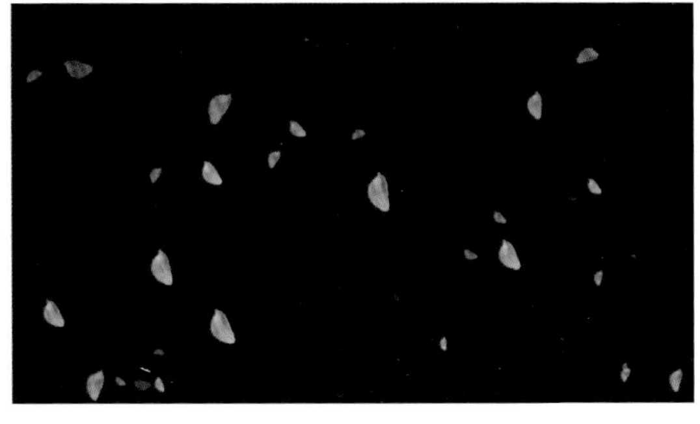

倪彤省级名师工作坊

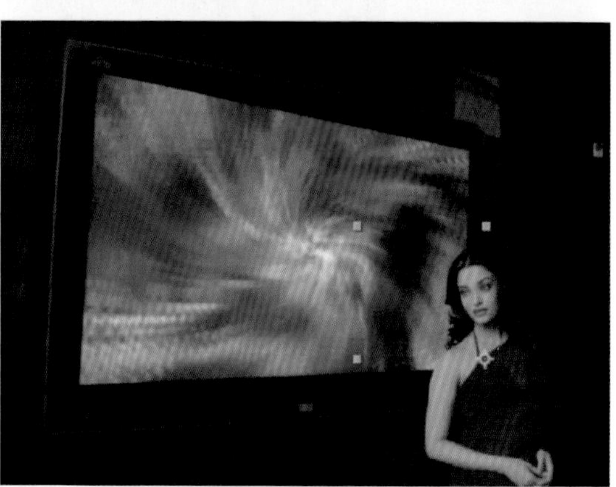

月满中秋

After Effects CC
影视特效制作

倪彤 主编
莫新平 方俊 周晗 副主编

清华大学出版社
北京

内容简介

After Effects(以下简称AE)是Adobe公司的一款图形、视频、动画、特效处理软件,主要功能是动画制作、动态合成、视觉特效等,广泛应用于电影、电视、网络、信息化教学、教育技术以及影视后期制作等领域。

本书采用案例实战的方式全面介绍After Effects CC的基本操作和综合应用技巧,全书共分为七个项目,从AE入门到外挂插件和模板,共计100例;结果导向、任务驱动、讲练结合、学以致用,手把手教你实操;100个案例全部配有二维码数字资源,即扫即学;语言通俗易懂,以图说文,特别适合AE新手学习,有AE基础的用户也可以从本书学到大量高级功能和新增功能。

本书可作为职业院校数字媒体应用技术、动漫制作技术等电子信息大类相关专业的教材。

本书封面贴有清华大学出版社防伪标签,无标签者不得销售。
版权所有,侵权必究。举报:010-62782989,beiqinquan@tup.tsinghua.edu.cn。

图书在版编目(CIP)数据

After Effects CC影视特效制作/倪彤主编. —北京:清华大学出版社,2021.4
ISBN 978-7-302-56655-7

Ⅰ.①A… Ⅱ.①倪… Ⅲ.①图像处理软件—教材 Ⅳ.①TP391.413

中国版本图书馆CIP数据核字(2020)第202778号

责任编辑:王剑乔
封面设计:刘 键
责任校对:李 梅
责任印制:宋 林

出版发行:清华大学出版社
网 址:http://www.tup.com.cn,http://www.wqbook.com
地 址:北京清华大学学研大厦A座 **邮 编**:100084
社 总 机:010-62770175 **邮 购**:010-62786544
投稿与读者服务:010-62776969,c-service@tup.tsinghua.edu.cn
质量反馈:010-62772015,zhiliang@tup.tsinghua.edu.cn
印 装 者:北京国马印刷厂
经 销:全国新华书店
开 本:185mm×260mm **印 张**:11.75 **插 页**:1 **字 数**:286千字
版 次:2021年4月第1版 **印 次**:2021年4月第1次印刷
定 价:46.00元

产品编号:087482-01

前言

近年来，随着计算机科学与技术的迅猛发展，电影、电视等相关的影视制作产业有了长足的发展，同时也带动了影视特效合成技术的突飞猛进。国内传媒行业的快速发展使得整个社会对影视制作从业人员的需求量不断增加。

After Effects 作为一款优秀的视频后期合成软件，被广泛应用于影视和广告制作中。在数字化、影视化渐渐成为主流的今天，由于其可与Adobe 公司的其他软件如 Photoshop、Illustrator、Audition 和 Premiere 等实现了无缝结合，加上 Adobe 通用的操作风格、易上手和良好的人机交互等特性，使得 After Effects 已成为当下一款非常受欢迎、主流的影视动画和特效编辑软件。

本书共分为七个项目，精选了 100 个案例，全面介绍 After Effects CC 的工作流程、操作基础、功能提升和外部拓展。本书按任务导入→任务实施→任务拓展“三步曲”实施案例教学，注重对所学知识的练习和巩固并提高实战技巧，从而使读者能制作出符合行业要求的作品。

本书有配套的在线开放课程，方便读者进行线上线下的混合式学习，书中所有案例的素材文件和教学视频，以及与各任务配套的思维导图教案均可上线使用和下载(扫描下面的二维码获取网址)。同时全部学习资源在正文中也有二维码相对应，即扫即学。

本书的特点是极简化、新形态，每个案例给出关键步骤的简要文字讲解，配合视频的详细讲解，只要按照视频操作，就能掌握知识，提高技能。本书由莫新平编写项目一和项目二，方俊编写项目三，周晗编写项目四和项目五，倪彤编写项目六和项目七及全书统稿。

书中若有疏漏和不妥之处，恳请广大读者提出宝贵意见。

线上学习网址

编　者

2021 年 1 月

目录

项目一 AE入门

任务一 认 识 AE

一、任务导入

After Effects CC(以下简称 AE CC)是一款优秀的影视后期特效合成软件。2018 年 Adobe 公司推出了 After Effects CC 2019,该版本包括一个新的高级人偶位置控点引擎、处理原生 3D 图层的深度通道以及一个新的 JavaScript 表达引擎,从而使影视后期制作达到一个新的高度。

认识 AE

二、任务实施

步 骤	说明或部分截图
(1) AE CC 主界面由三大部分组成:菜单栏、工具栏和功能面板	项目面板 合成区域(编辑区) 效果与预设面板 图层面板 时间轴面板

续表

步　　骤	说明或部分截图
（2）选择菜单命令“窗口”→“工作区”→“将‘默认’重置为已保存的布局”，可将工作界面还原到初始状态	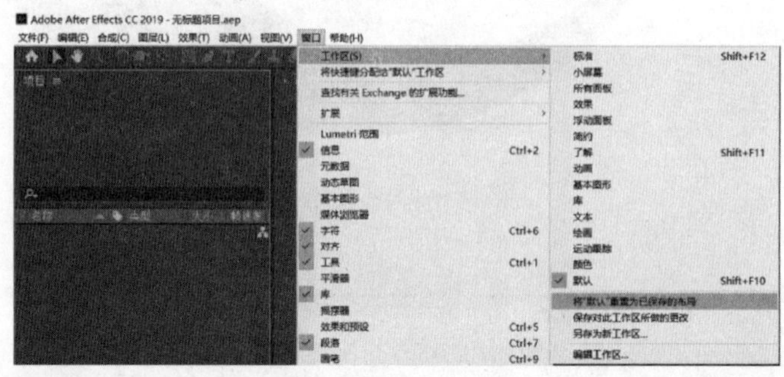
（3）新建一个合成，激活菜单栏	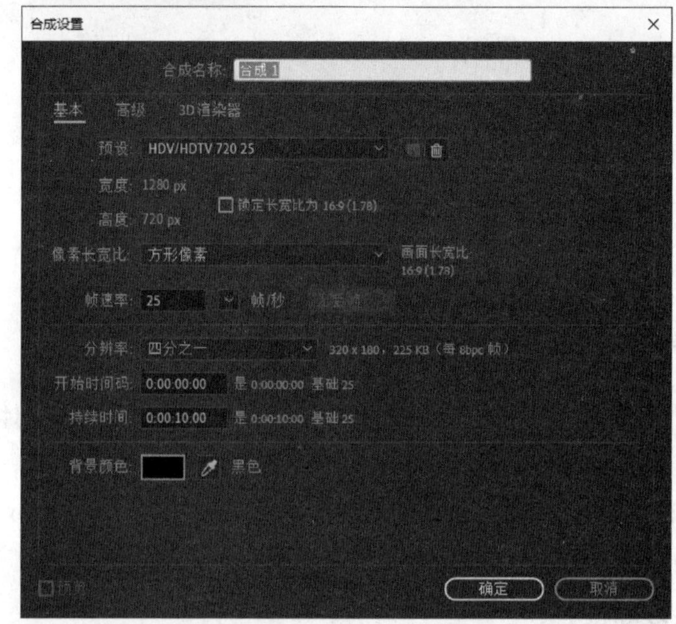
（4）单击“编辑”→“首选项”→“常规”，打开AE CC设置面板。 可将“常规”→“启用JavaScript调试器”和“显示”→“所有关键帧”以及导入序列素材“25帧/秒”等选项选中，其他则保持为“默认”设置	

续表

步　骤	说明或部分截图
（5）在 AE CC 中，“效果”和“动画”两个菜单的使用频率较高，其后将结合具体的实例介绍这两个菜单中命令的使用	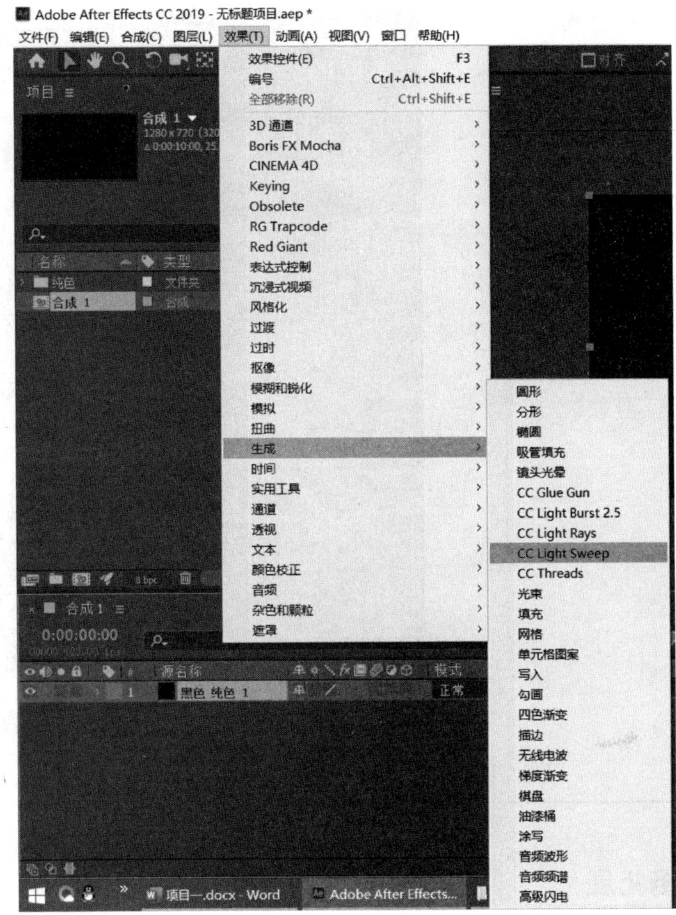
（6）选择菜单命令“合成”→“添加到渲染队列”，组合键为 Ctrl+M，准备将合成输出成一个指定格式的视频文件	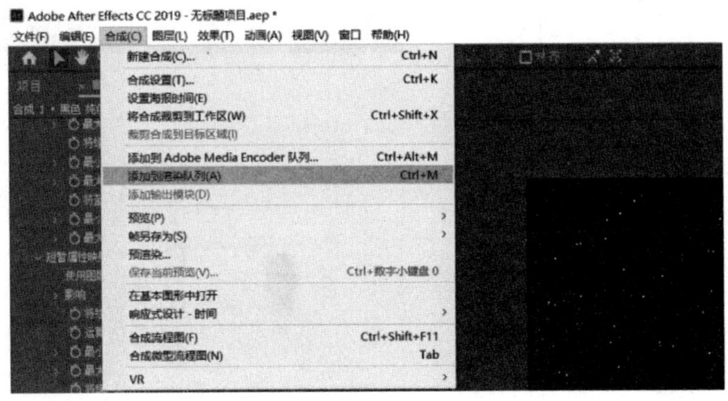

续表

步　　骤	说明或部分截图
（7）合成“输出模块设置”对话框，可设置输出的视频文件参数	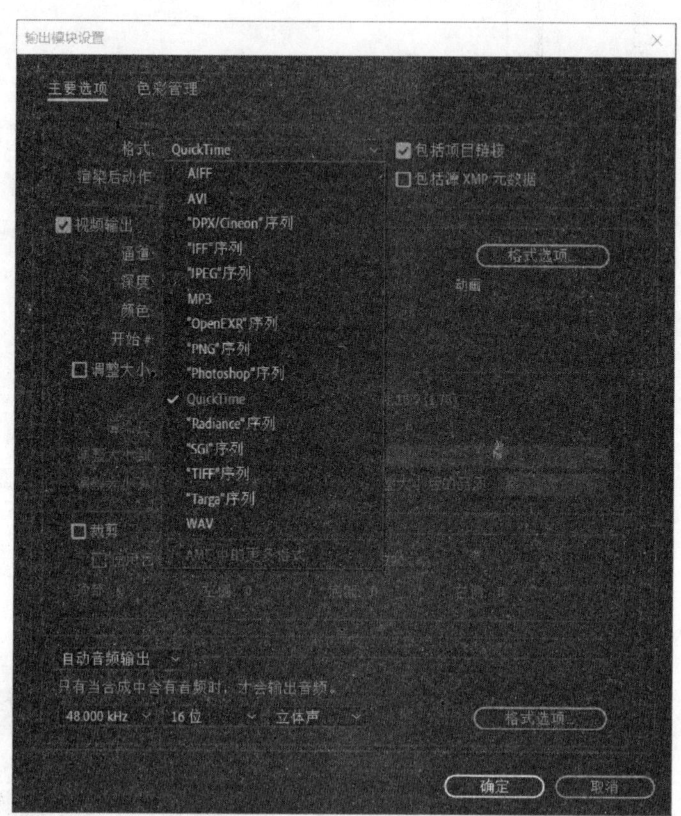

三、任务拓展

步　　骤	说明或部分截图
AE CC 工具栏常用的工具组成及功能。	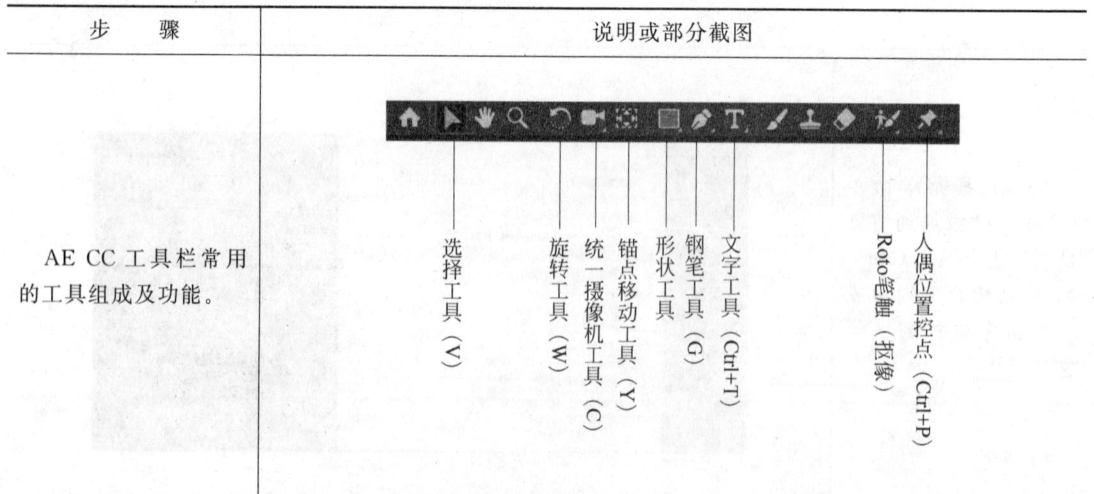

任务二　项目面板及素材导入

一、任务导入

项目面板及素材导入

AE CC 的项目面板类似于 Windows 的文件夹，用于导入素材以及素材的存放、分类、预览和管理，AE 中的素材主要包括图片、音频和视频三大类。

二、任务实施

步　　骤	说明或部分截图
（1）AE CC 的项目面板	
（2）在项目面板中可用两种方式导入素材：一是在空白区右击，选择“导入”命令；二是在空白区双击，打开“导入文件”对话框，选择素材导入	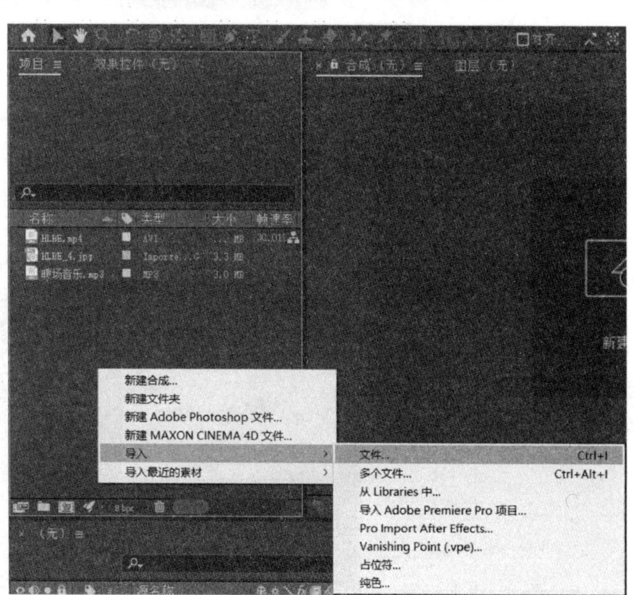

续表

<table>
<tr><th>步　　骤</th><th>说明或部分截图</th></tr>
<tr><td>（3）要导入分层的PSD格式文件，须设置“导入种类”为“合成”→“保持图层大小”；“图层选项”为“可编辑的图层样式”。
对于PSD的文字图层，须右击图层并选择“创建”→“转换为可编辑文字”命令</td><td>
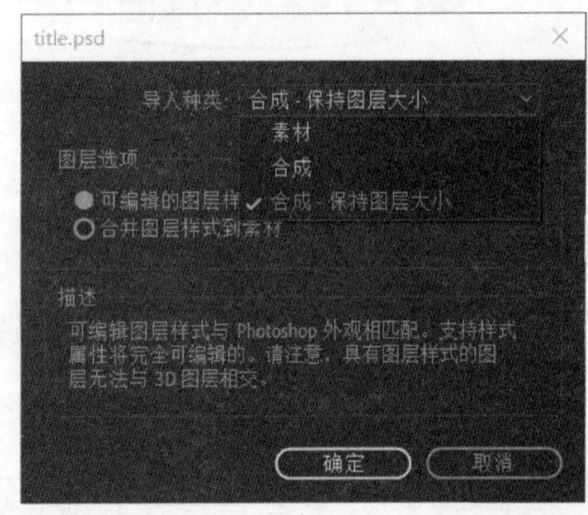

↓

</td></tr>
<tr><td>（4）在项目面板中可用两种方式新建合成：一是单击项目面板下方的“新建合成”按钮；二是将选定的素材拖拽至“新建合成”按钮之上</td><td>
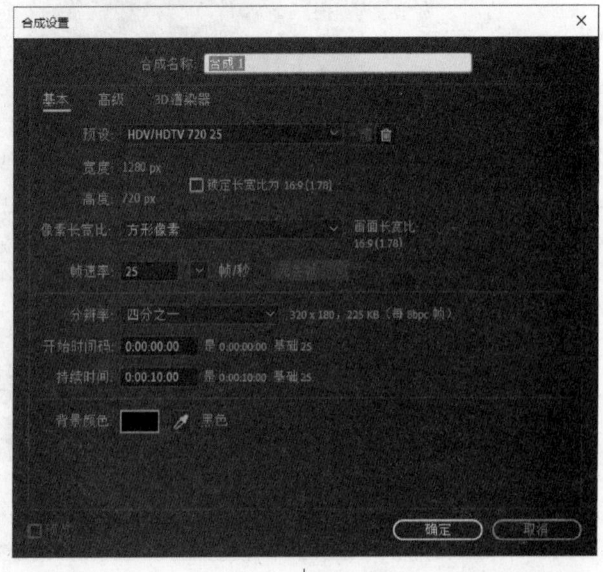

↓
</td></tr>
</table>

续表

步　　骤	说明或部分截图

三、任务拓展

步　　骤	说明或部分截图
合成决定了 AE CC 动画或特效显示的边界，新建合成的组合键为 Ctrl＋N；合成设置的组合键为 Ctrl＋K。常用的合成参数设置如下。 预设：HDTV 1080 25； 宽度：1920 px； 高度：1080 px； 像素长宽比：方形像素； 帧速率：25； 背景颜色：默认为黑色	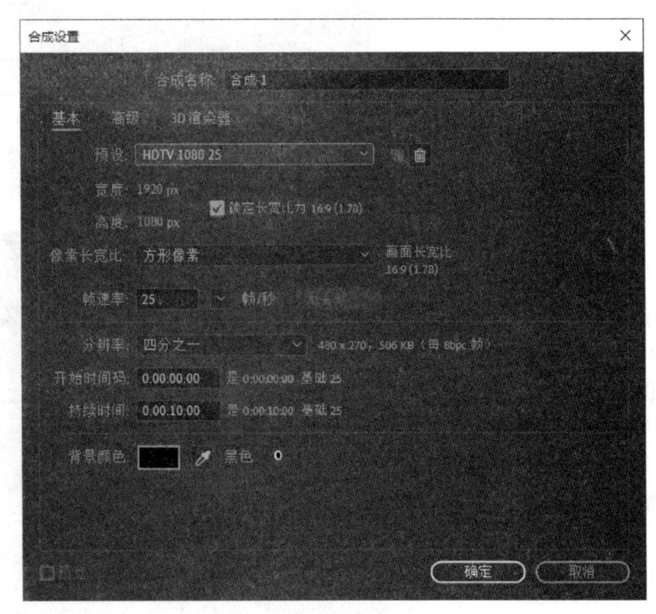

任务三 图层面板

一、任务导入

图层面板

AE CC 的图层面板是 AE 特效制作的主要功能面板，某些属性与 Photoshop 类似，例如可视、可锁定、图层样式、图层混合模式等。

二、任务实施

步 骤	说明或部分截图
(1) AE CC 的图层面板，其上显示当前时间指示器指针所在的位置 hh:mm:ss:ff。下方从左至右的四个按钮依次为可视、静音、独奏和锁定	
(2) 在位置(P)等属性变化的动画中，打开图层"运动模糊"总开关，再打开某个图层"运动模糊"子开关，即可出现"运动模糊"效果	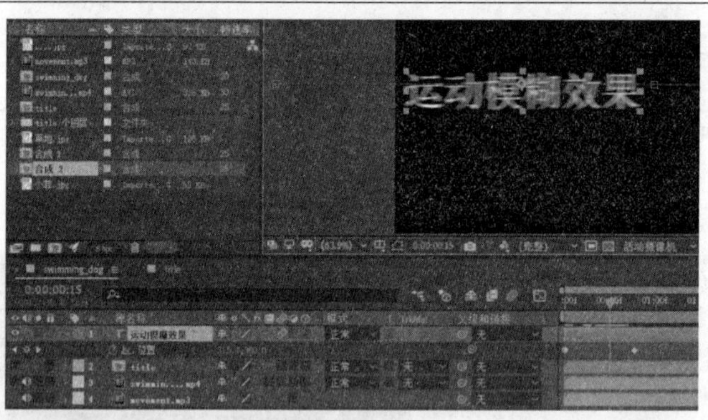
(3) 打开图层"3D"开关，可将二维图层转化为三维图层，借助于选取(V)、旋转(W)工具，可对对象的三个维度(对应颜色 RGB)进行调整	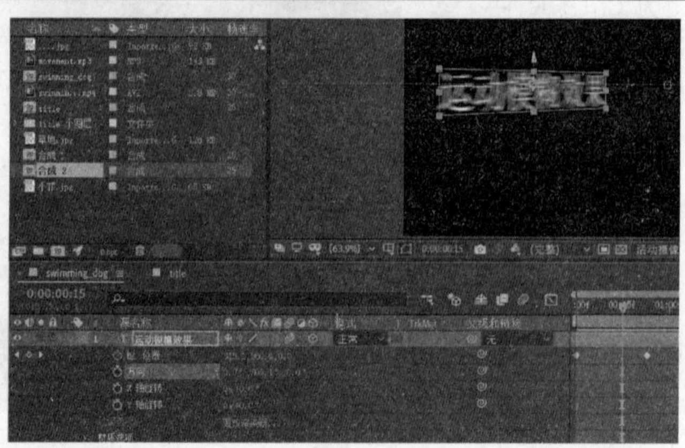

续表

步　　骤	说明或部分截图
(4) AE的图层混合模式与PS相似,有正片叠底、叠加、屏幕等多种混合模式。 例如,要将上层“黑底闪光粒子”叠加到下层视频之上,可将图层的混合模式设定为加色“屏幕”	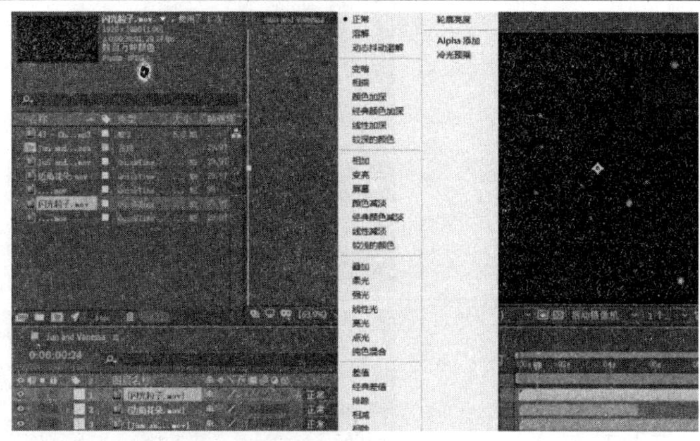 ↓ 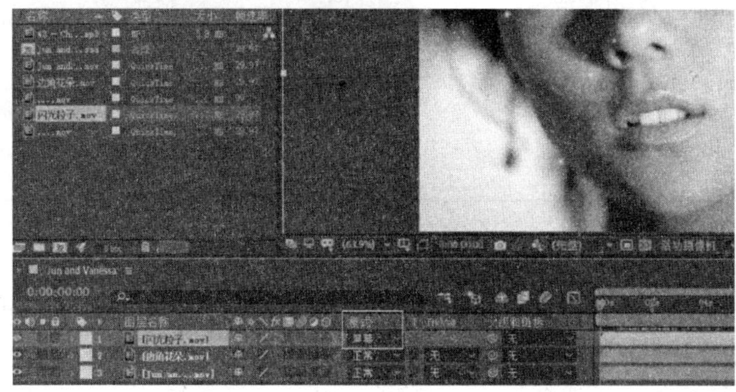

三、任务拓展

字中画

利用轨道遮罩(TrkMat)制作字中画效果。

步　　骤	说明或部分截图
(1) 在项目面板导入一张图片,再将其拖拽至“新建合成”按钮,创建一个新合成	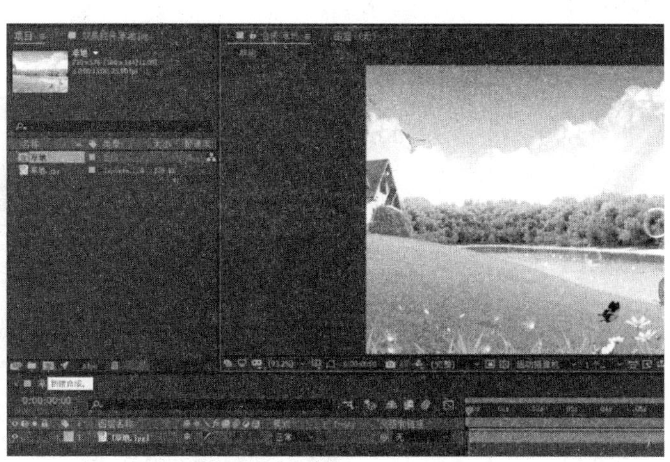

续表

步　　骤	说明或部分截图
（2）使用横排文字工具，输入“字中画”三个字，得到如图所示效果	
（3）单击 TrkMat 轨道遮罩的下拉箭头，选择“Alpha 遮罩…”选项，完成“字中画”效果制作	

任务四　图层类型及属性

一、任务导入

图层类型

AE CC 的图层类型共有七种：文本层、纯色层、灯光层、摄像机层、空对象层、形状图层和调整图层。

二、任务实施

步　　骤	说明或部分截图
（1）在图层的空白区右击，在弹出的下拉菜单中将显示可新建的全部图层类型	

续表

步　骤	说明或部分截图
(2) 使用文字工具即可创建一个文本层。 文本有自己特定的动画制作面板，无须使用图层基本属性	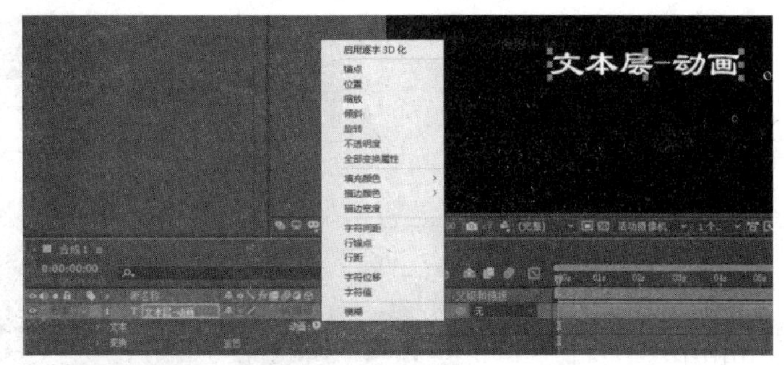
(3) 纯色层(固态层)是 AE 中使用频率较高的一个图层，创建的组合键是 Ctrl+Y，设置的组合键是 Ctrl+Shift+Y	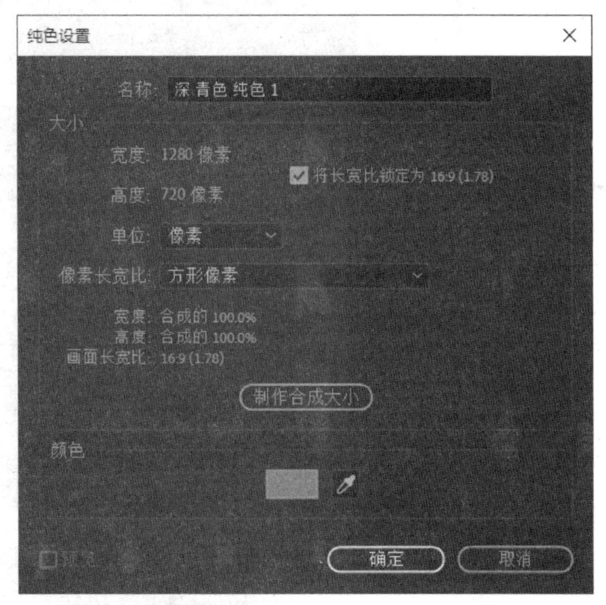
(4) 形状图层主要用于矢量形状的创建，如矩形、椭圆、多边形等。同时可对绘制的形状进行填充、描边等操作	

续表

步　　骤	说明或部分截图
（5）调整图层呈透明状，主要用于承载效果和预设，并影响位于其下的所有图层。 AE中除摄像机层之外的所有图层均可转化为调整图层	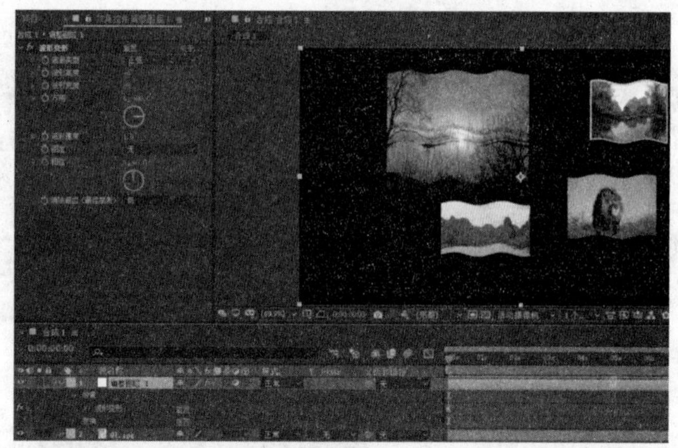
（6）空对象层也呈透明状，通常是作为一个“父级”对象层，用于控制其他作为子级图层的动画	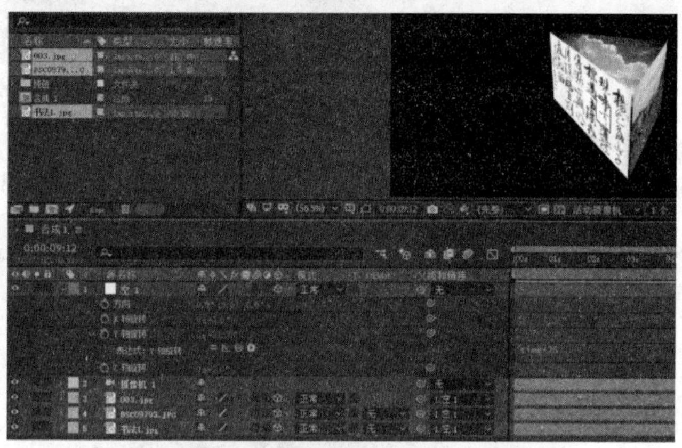
（7）灯光层共计有4种类型：平行光、聚光、点光和环境光。灯光层与摄像机层一样，通常都作用于3D图层	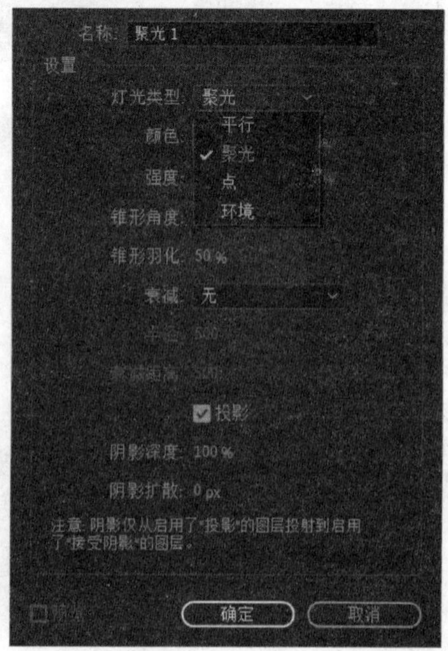

续表

步　　骤	说明或部分截图
(8) 摄像机层主要用于设置镜头的机位和视角,并可制作一些常用的镜头推拉动画等	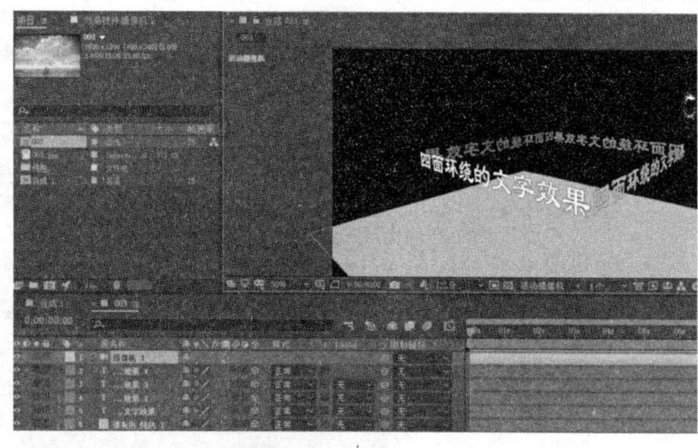 ↓ 

三、任务拓展

图层属性

图层的基本属性一共包括 5 种：锚点(A)、位置(P)、缩放(S)、旋转(R)和不透明度(T),其前均有“码表”图标,可进行关键帧动画创建。

步　　骤	说明或部分截图
(1) 锚点(A)是对象的中心点,可使用工具栏中的“向后平移(锚点)工具”或图层上的“变换”→“锚点”→“x,y坐标”对锚点的位置进行移动	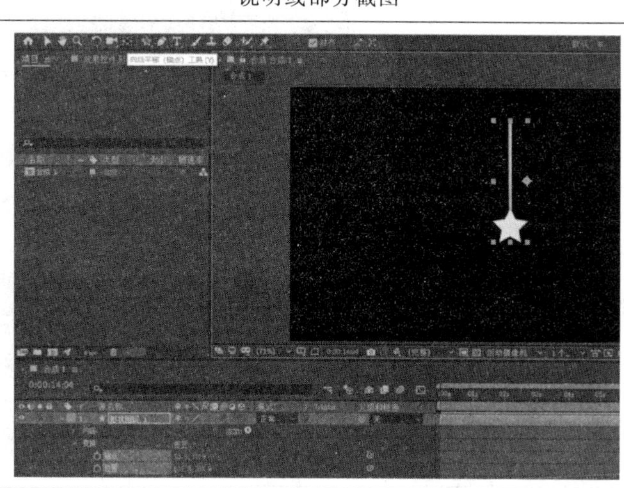

续表

步　　骤	说明或部分截图
(2) 位置(P)是图层最基本的属性,可利用“钢笔”工具调整位置变化的路径曲线,得到不同的位移动画效果	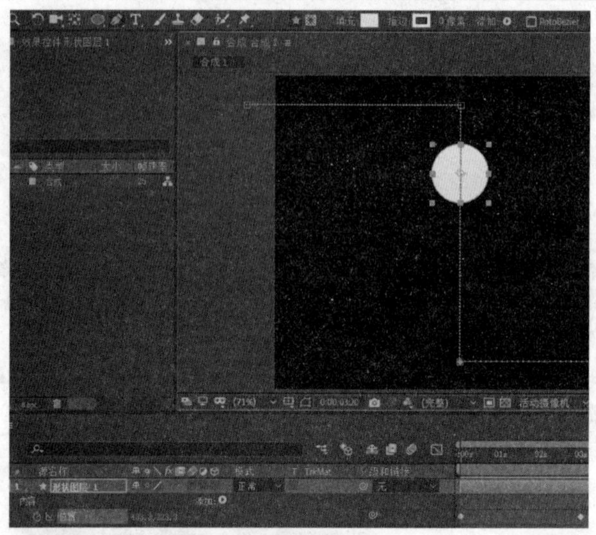
(3) 缩放(S)是对图层上的对象大小属性进行改变	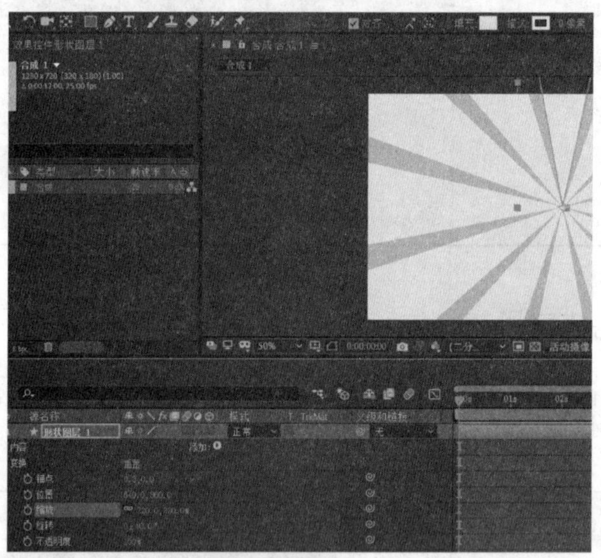
(4) 旋转(R)是依据对象的中心点做圆周运动。可使用工具栏中的“旋转工具(W)”调整对象的旋转角度	

续表

步　　骤	说明或部分截图
(5) 不透明度(T)属性通常用于两个对象的交叉叠印效果的设置	

任务五　时间轴与关键帧

一、任务导入

AE 的时间轴是特效设置和动画制作的主要区域,在其上可对时间轴进行放大/缩小,并对图层的入点/出点、工作区长度进行调整等。

时间轴

二、任务实施

步　　骤	说明或部分截图
(1) AE CC 的时间轴面板	

续表

步　骤	说明或部分截图
(2) 使用按键+、-，可对工作区进行放大、缩小	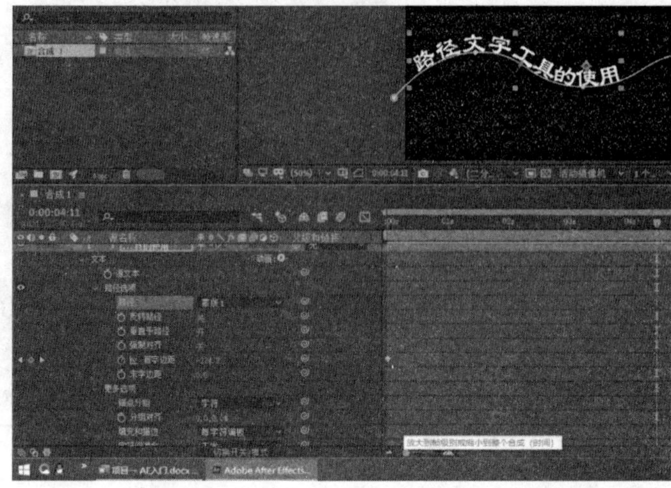
(3) 使用组合键 Alt+[和组合键 Alt+]可在时间轴上设置图层的入点、出点	
(4) 使用按键 B、N，可在时间轴上设置工作区的起点、终点	

关键帧动画

三、任务拓展

步　　骤	说明或部分截图
（1）关键帧动画是AE最基本的动画类型。其前带有“码表”图标的对象，如锚点（A）、位置（P）、缩放（S）、旋转（R）和不透明度（T）等，均可进行关键帧动画创建	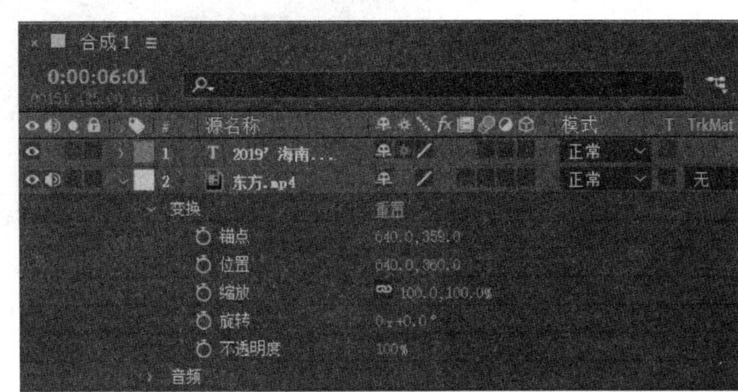
（2）关键帧动画的特点：只需要设置首、尾两个关键帧，中间的关键帧将由AE自动生成	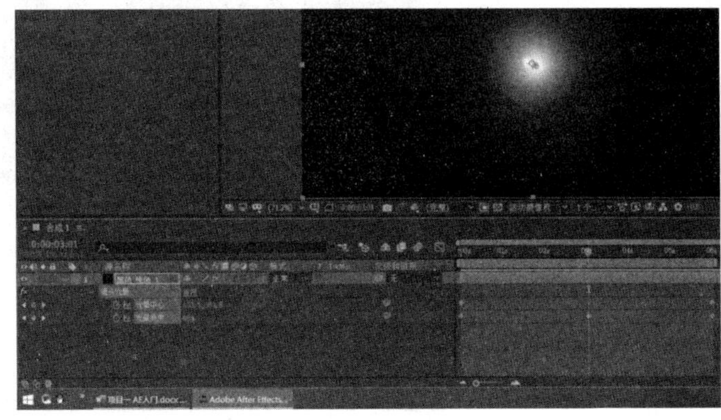

任务六　关键帧辅助与图表编辑器

一、任务导入

关键帧辅助

AE CC的关键帧辅助与图表编辑器主要是针对运动对象的匀速、加速和减速运动进行设置的。

二、任务实施

步　骤	说明或部分截图
(1) 绘制正方形，添加三个关键帧，制作一段位移动画。 按组合键 Ctrl+D 四次，复制四个图层，再改变各图层对象的颜色，这样五个图层就整齐划一地做匀速运动了	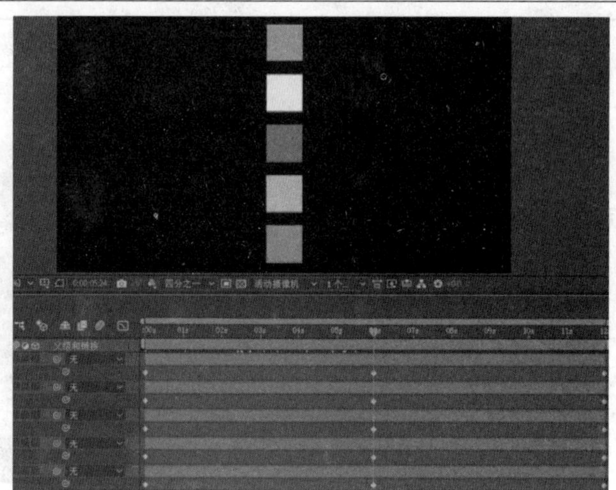
(2) 选定其中一层的三个关键帧，右击，在弹出的下拉式菜单中选择“关键帧辅助”→“缓入”(Shift+F9)，对象将开始做两段先加速后减速的加速运动	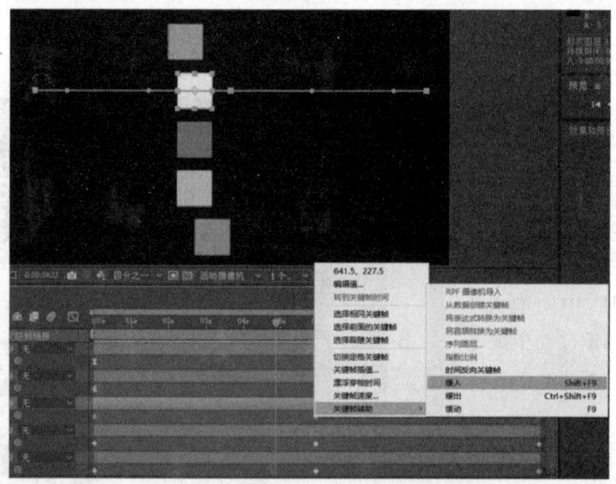
(3) 选定其中一层的三个关键帧，右击，在弹出的下拉式菜单中选择“关键帧辅助”→“缓出”(Ctrl+Shift+F9)，对象将开始做两段先加速后减速的减速运动	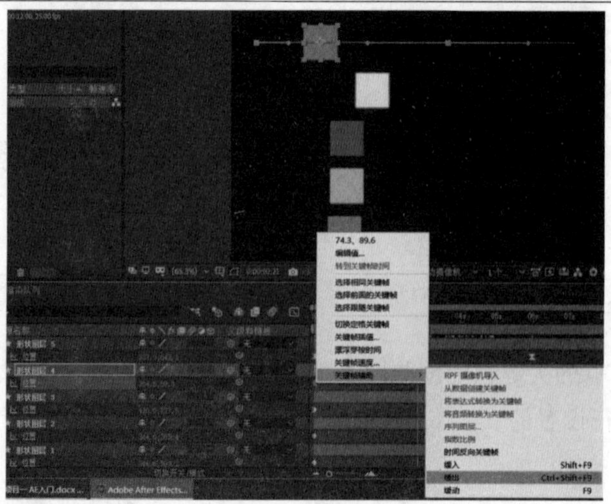

续表

步　　骤	说明或部分截图
(4) 选定其中一层的三个关键帧，右击，在弹出的下拉式菜单中选择"关键帧辅助"→"缓动"(F9)，对象将开始做两段先加速后减速的变速运动	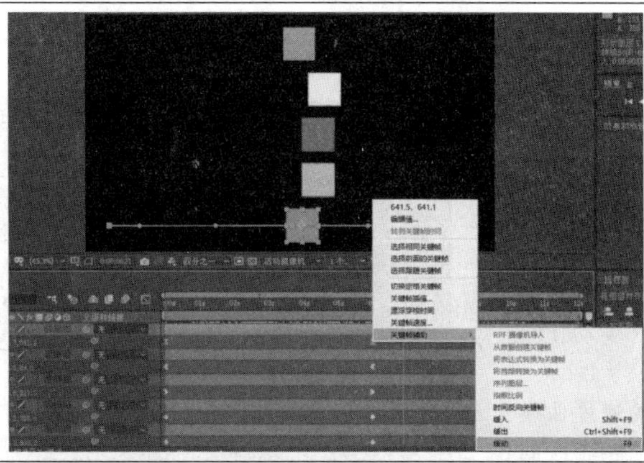
(5) 选定其中一层的三个关键帧，右击，在弹出的下拉式菜单中选择"关键帧辅助"→"时间反向关键帧"，对象将开始做逆向运动	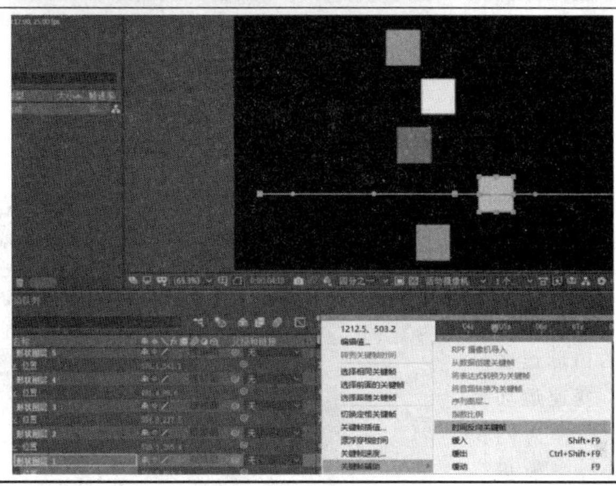

三、任务拓展

图表编辑器

步　　骤	说明或部分截图
(1) 图表编辑器形象、直观地反映了对象速度、位移变化的形态，并可对其进行编辑。 如当前图示表明对象的速度变化：加速→减速→加速→减速。 以三个小球的运动为例，通过速度曲线进一步分析自然界中最常见的运动——变速运动	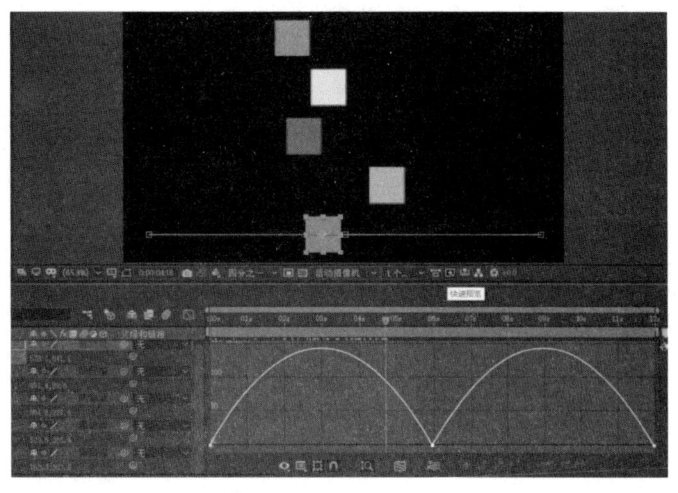

续表

步　骤	说明或部分截图
(2) 自上而下，白、黄、红三个小球分别位于三个图层，做两段往返直线运动。 从关键帧的形状看，白球为匀速运动，其他两球为变速（缓动 F9）运动。 调整黄球的速度曲线峰值在前，调整红球的速度曲线峰值在后	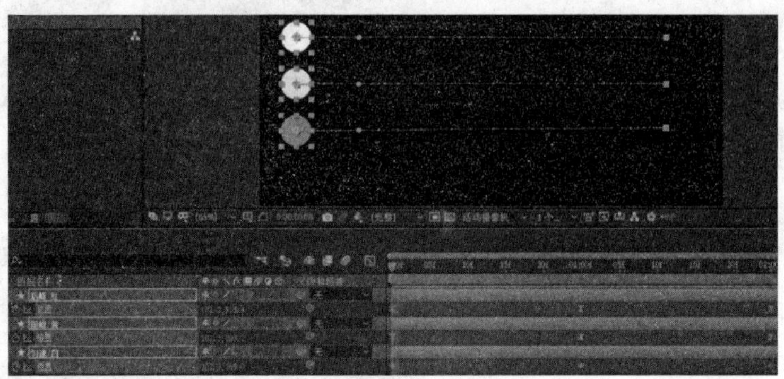
(3) 将三个图层同时选中，再单击“图表编辑器”，同时展开三个图层的速度图表。 匀速运动的白球速度图表为直线；变速运动的黄球速度图表为两“前峰”曲线，视觉效果最佳；变速运动的红球速度图表为两“后峰”曲线，视觉效果次之	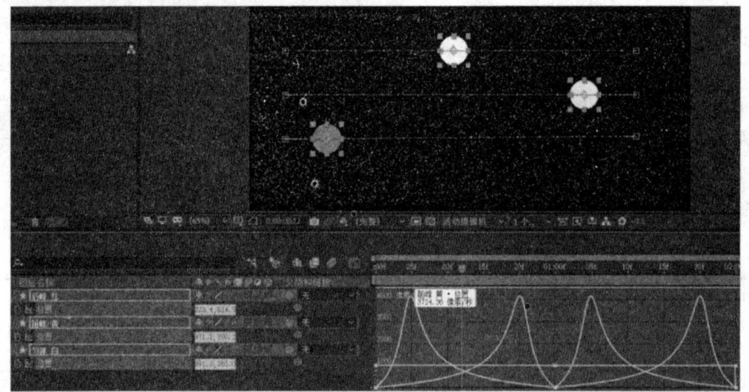

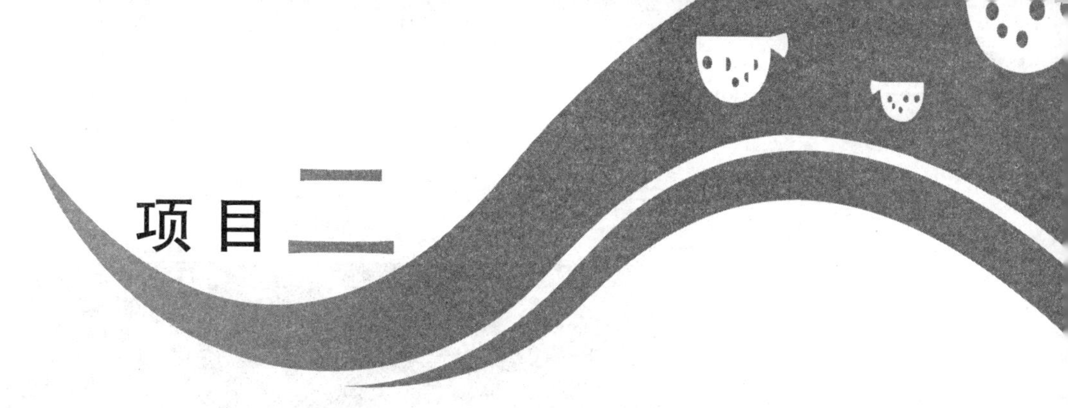

项目二

AE 工具

AE CC 工具栏使用频率较高，主要是由选择、旋转、摄像机、锚点、矢量绘图和文字等工具组成。

任务一 进 度 条

一、任务导入

进度条动画在软件载入、资料下载等界面中经常看到，以下我们就使用 AE 的矩形工具或钢笔工具进行制作。

进度条

二、任务实施

步　　骤	说明或部分截图
（1）使用钢笔工具绘制一根直线，依次单击“图层”→“内容”→“添加”，选择“修剪路径”命令	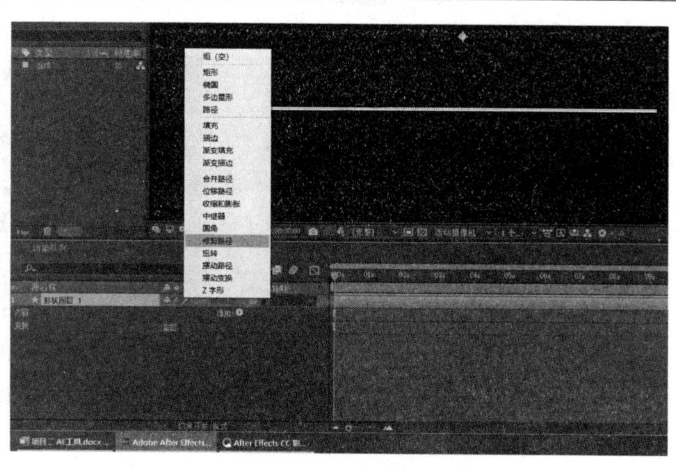

续表

步　　骤	说明或部分截图
(2) 在"修剪路径 1"→"结束"项的首、尾设置关键帧，将其值分别设定为 0、100，得到一个延伸的直线动画效果	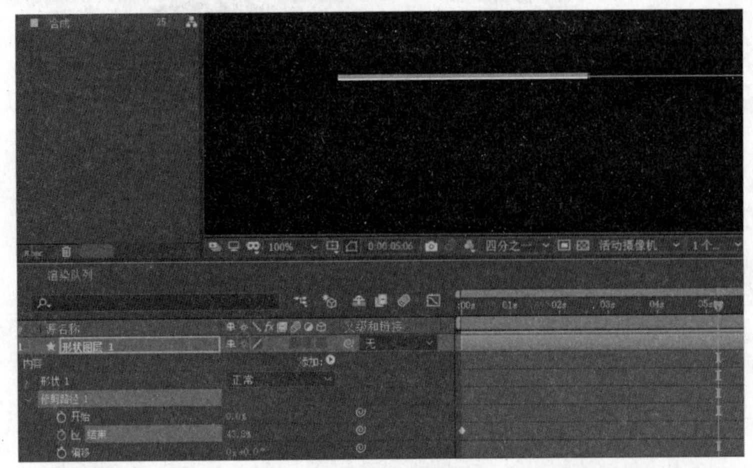
(3) 使用"文字工具"输入文本，再使用组合键 Ctrl+D 复制一层。 选定图层，右击，选中"效果"→"文本"→"编号"	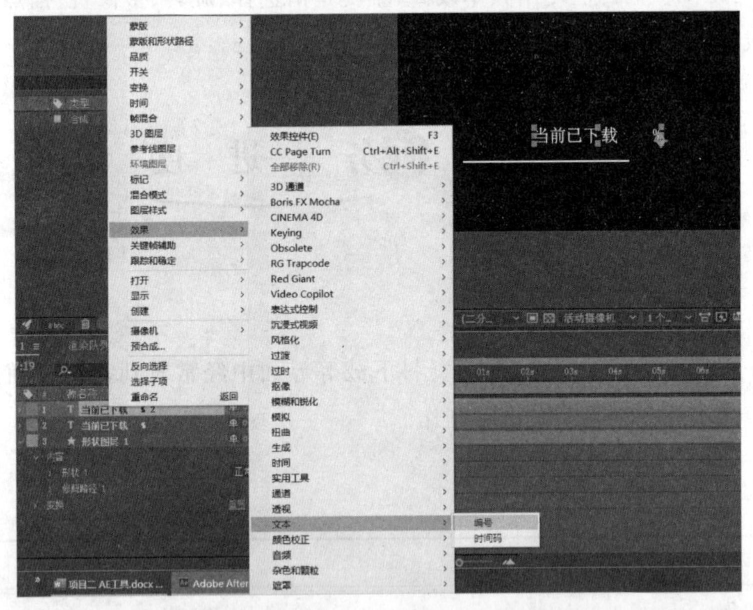
(4) 在"效果控件"面板"编号"选项下，设置"小数位数"为 0，同时设置文本字号大小和颜色	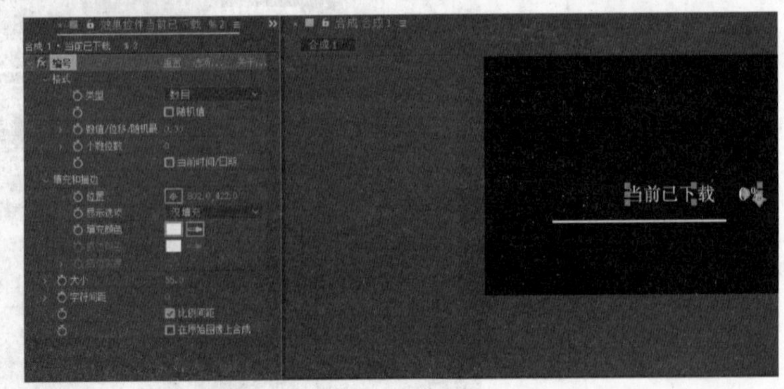

续表

步　　骤	说明或部分截图
(5) 移动“当前时间指示器”至图层的首部，在“效果控件”面板“编号”选项下，单击“数值/位移/随机最大”项前的码表添加关键帧，并设定其值为0。 再移动“当前时间指示器”至图层的尾部，将关键帧的值设定为100，从而完成进度条动画的制作	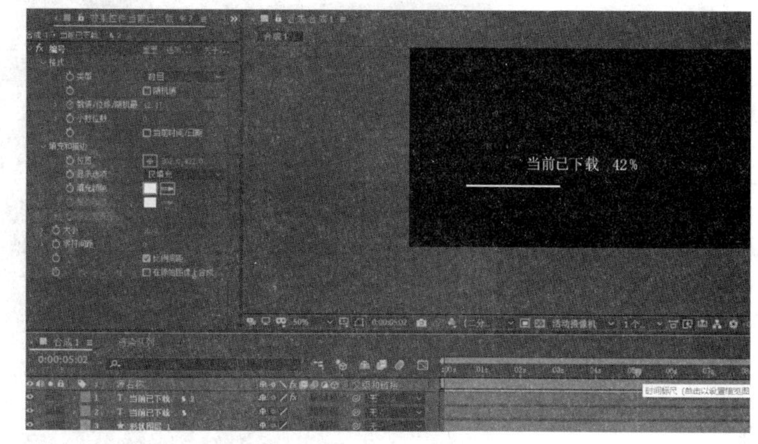

三、任务拓展

路径文字

使用钢笔加文字工具，可制作任意路径的文字动画效果。

步　　骤	说明或部分截图
(1) 使用文字工具输入一行文本	
(2) 使用椭圆工具，按住 Shift 键在文字层绘制一个正圆	

续表

步　骤	说明或部分截图
（3）展开文字层“路径选项”，设置参数如下。 路径：蒙版 1。 反转路径：开。 强制对齐：开	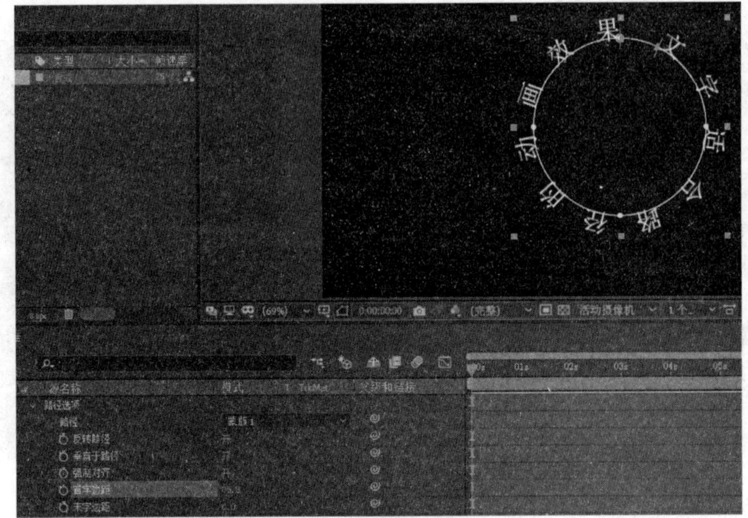
（4）展开文字层“变换”选项，使用“锚点”工具，将中心点移动至几何中心。 移动当前时间指示器至首部，单击“旋转”属性处的码表，添加关键帧；再移动当前时间指示器至尾部，将“旋转”属性值加 1，完成文字的 360°旋转动画	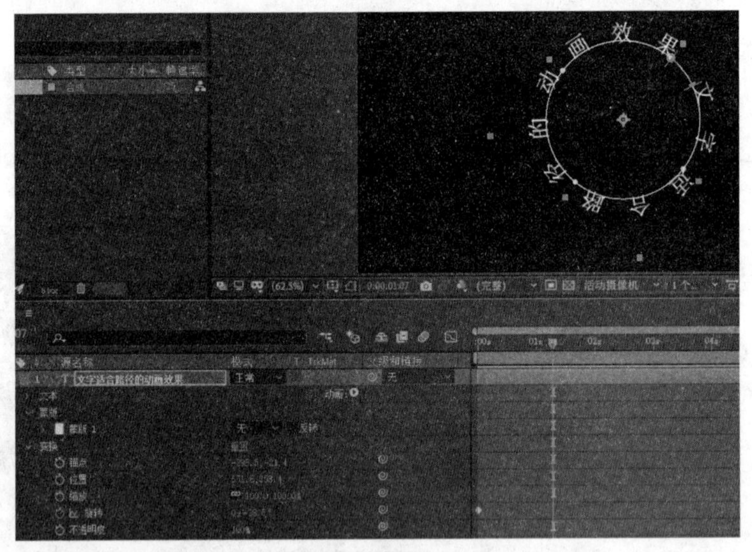

任务二　放射背景

一、任务导入

放射背景

放射背景动画是 AE 常见的动画类型，可使用钢笔工具绘制三角形，再使用中继器完成制作。

二、任务实施

步　　骤	说明或部分截图
(1) 新建一个合成，显示“标题/动作安全”菜单命令，出现画布的中心点及参考线	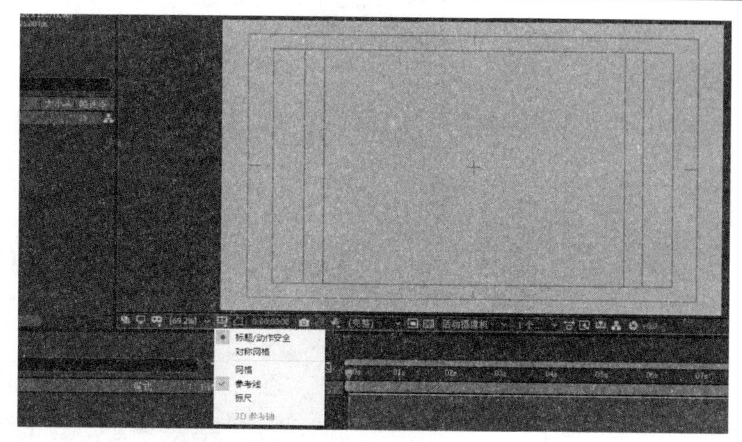
(2) 使用钢笔工具绘制一个三角形，将其顶点对齐画布的中心	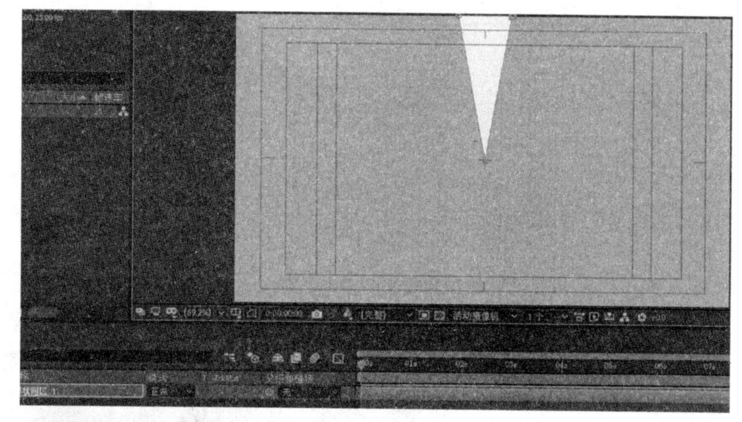
(3) 依次单击图层“内容”→“添加”→“中继器”，再单击“中继器1”，设置参数如下。 副本：12。 位置：0,0。 旋转：30°。 得到如图所示的效果	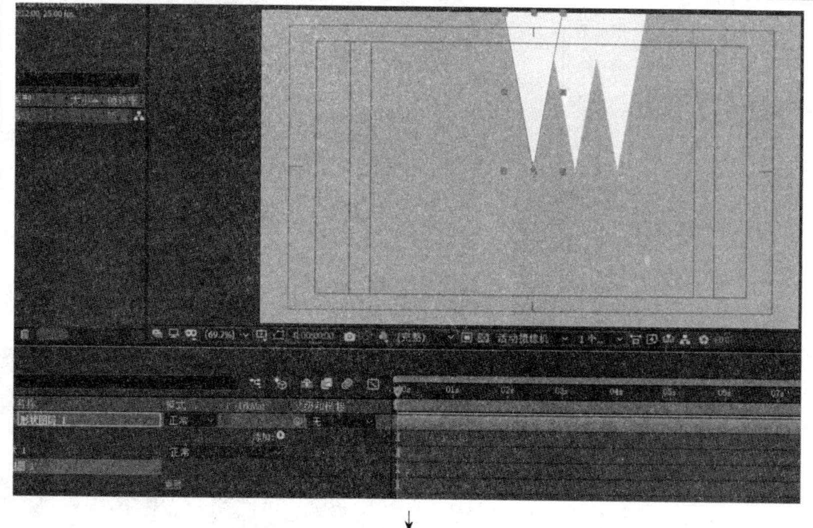 ↓

续表

步　　骤	说明或部分截图
	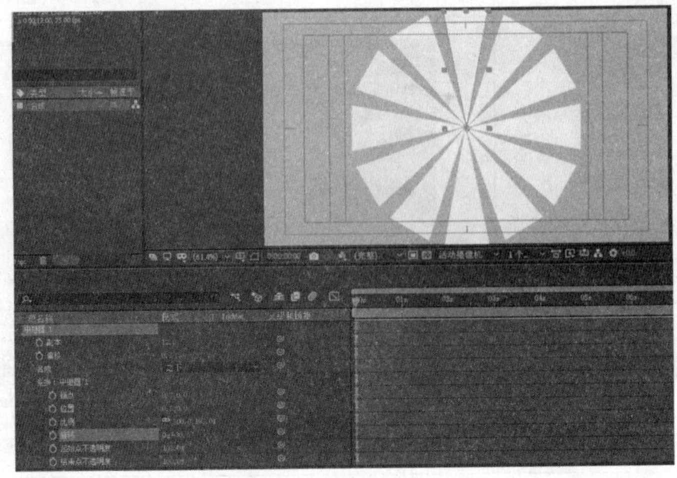
（4）单击图层“变换”→“缩放”，放大三角形，分别移动时间标尺至首、尾，添加“旋转”关键帧的值为 0、1，完成效果制作	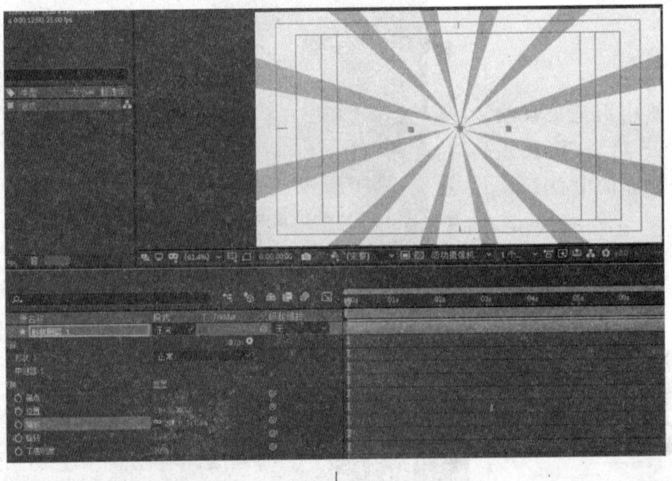 ↓ 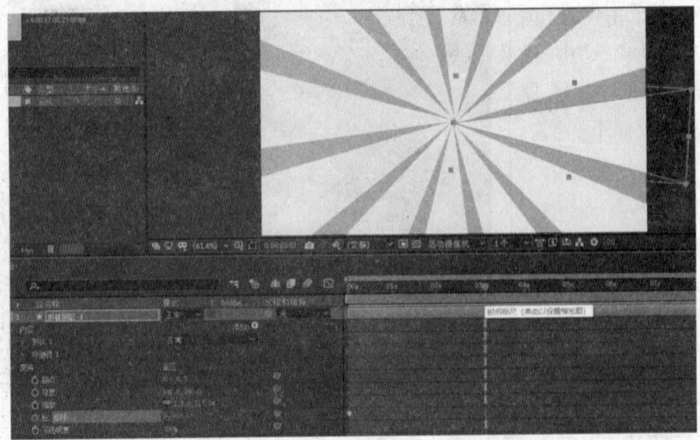

画笔工具

三、任务拓展

步　　骤	说明或部分截图
（1）单击工具栏上的画笔工具，双击画布，进入图层编辑。 在“画笔”面板调整笔头大小，在“绘画”面板设置“通道”为 Alpha；“持续时间”为“写入”	
（2）使用画笔在图层上涂画，返回合成，按空格键，可预览画笔涂画的动画效果	
（3）右击图层，添加“效果”→“通道”→“反转”	
（4）在“效果控件”面板中将“通道”的值设置为 Alpha	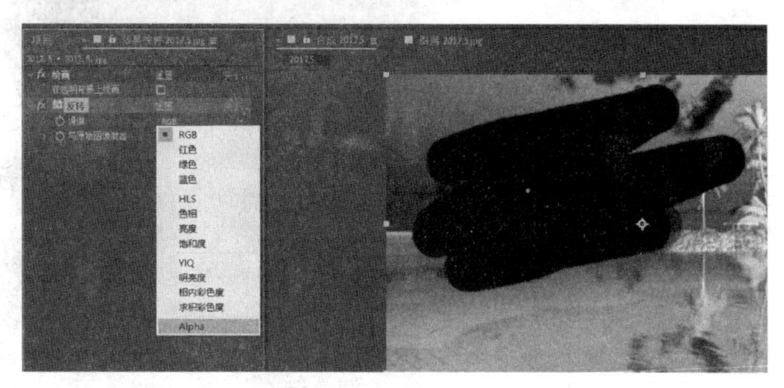

续表

步　　骤	说明或部分截图
(5) 完美呈现画笔涂抹图片的动画效果	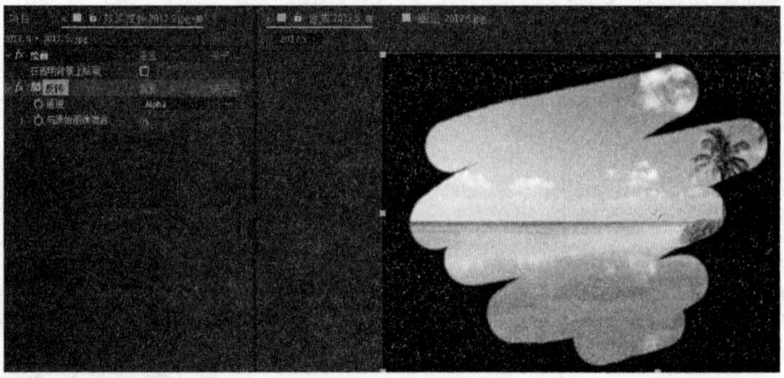

任务三　蚂　蚁　线

一、任务导入

使用 AE CC 的钢笔、形状工具等均可绘制虚线，并可产生相应的动画效果。

蚂蚁线

二、任务实施

步　　骤	说明或部分截图
(1) 使用钢笔工具绘制梯形，然后在其中间再绘制一条直线	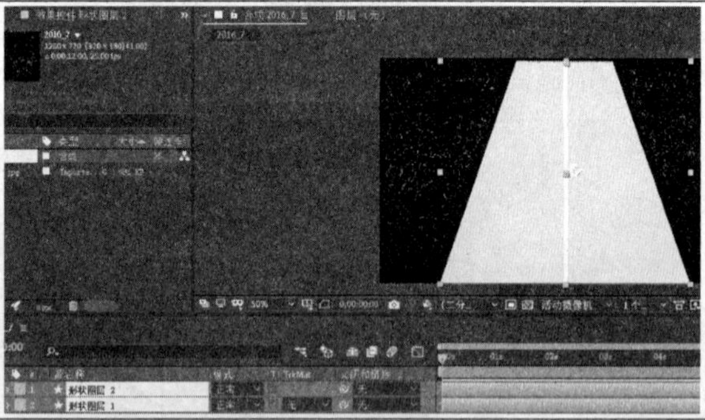
(2) 依次单击“图层”→“形状 1”→“描边 1”→“虚线”→“+”，并调整虚线的值	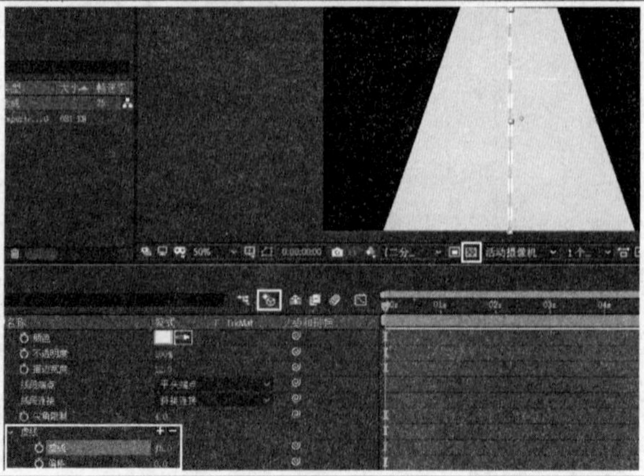

续表

步　　骤	说明或部分截图
(3) 分别移动时间标尺至首、尾,添加"偏移"关键帧的值为 0、300,完成蚂蚁线效果制作	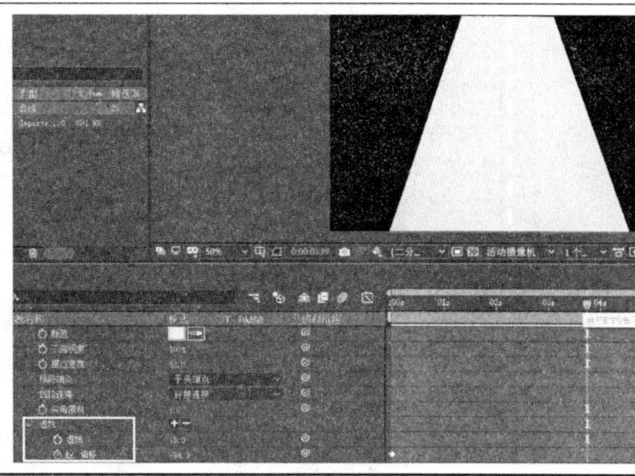

三、任务拓展

人偶位置控点

利用人偶位置控点工具制作卡通版人偶动画效果。

步　　骤	说明或部分截图
(1) 在 AE CC 中导入一个卡通图片,将该图片拖拽至"新建合成"按钮,创建一个新合成。 单击"人偶控制工具"按钮,准备在身体的各部位添加控制点	
(2) 使用"人偶位置控点工具"在脚、手、辫处打上 6 个黄色控制点,使用"人偶固化控点工具"在头、身处打上 5 个红色控制点。 调整当前时间指示器的位置,逐个调整黄色控制点,进入自动动画录制环节	

续表

步　　骤	说明或部分截图
（3）移动指针、调整控点、录制动画，最终效果如图所示	

任务四　翻　　书

一、任务导入

翻书（一）

翻书是一种常见的动画类型，在AE中可用多种方式进行制作。

二、任务实施

步　　骤	说明或部分截图
（1）使用矩形工具绘制如图所示的形状图层，将其转换为3D图层。 使用锚点工具将中心点移动至左侧	

续表

步　　骤	说明或部分截图
(2) 按 R 键展开图层的旋转属性。 分别移动当前时间指示器至 0s、1s、2s 处，单击"方向""Y 轴旋转"两个属性前面的码表，添加相应的关键帧。 在 2s 处设置"Y 轴旋转"值为 180°，完成封面的翻开效果，取其长度至第 4s	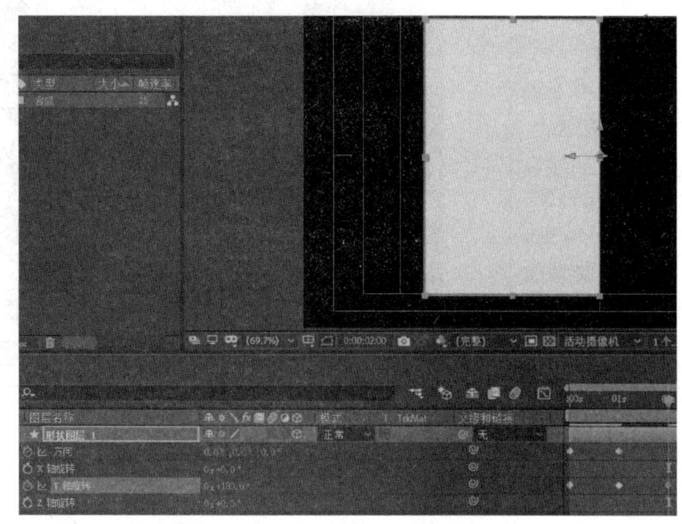
(3) 按组合键 Ctrl＋D 复制图层，选中下方图层，改变其填充色。 选中"方向""Y 轴旋转"两个属性的关键帧，将其移动至 2～4s 处，完成内页 1 的翻开效果，取其长度至第 6s	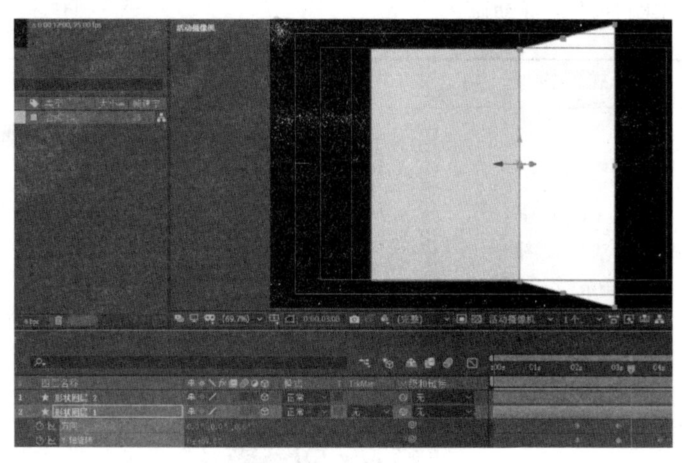
(4) 按组合键 Ctrl＋D 复制图层，选中下方图层，选中"方向""Y 轴旋转"两个属性的关键帧，将其移动至 4～6s 处，完成内页 2 的翻开效果，取其长度至第 8s	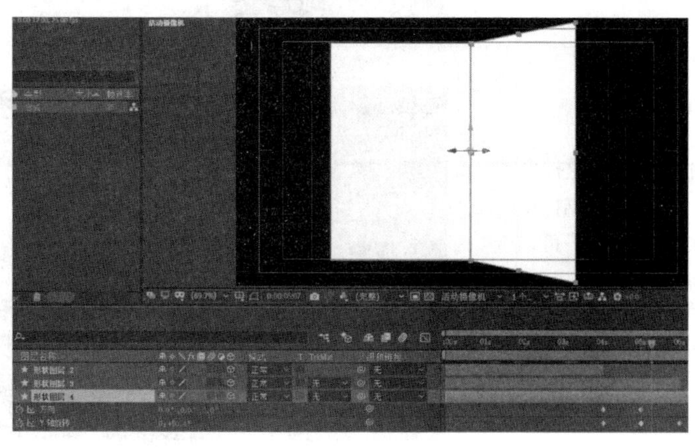

续表

步　骤	说明或部分截图
(5) 按组合键 Ctrl+D复制图层,选中下方图层,改变其填充色。 选中“方向”“Y 轴旋转”两个属性的关键帧,将其移动至 6~8s 处,完成封底翻开效果的制作	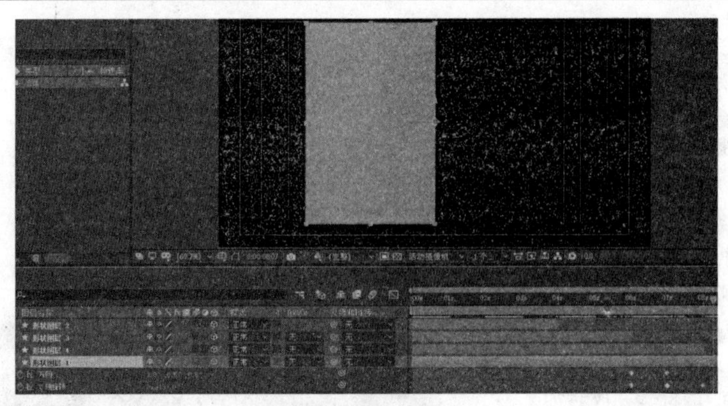

三、任务拓展

翻书(二)

在 AE CC 的“效果和预设”中自带了“翻页”(CC Page Turn)动画效果,尤其适合制作图片的翻页动画。

步　骤	说明或部分截图
(1) 在 AE CC 中导入一幅图片,基于该图片创建一个“合成”。 右击图层,选择“效果”→“扭曲”→CC Page Turn,准备给图片添加“翻页”的动画效果	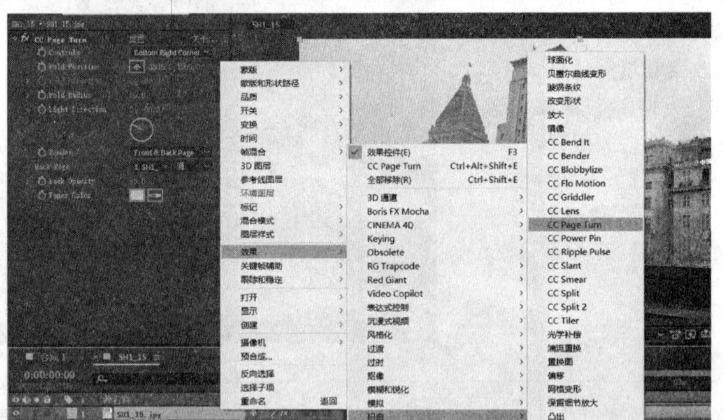
(2) 打开“效果控件”面板,“翻页”的控制点就位于图片的右下角,即默认的“翻页”动画是从右下角向左上角翻开的	

续表

步　　骤	说明或部分截图
(3) 单击 Fold Position 前面的码表,再移动当前时间指示器到相应的位置,调整控制点的位置,添加相应的关键帧。将 Back Page 项设置为“无”,Page Color 项设置为“中灰”,完成图片的“翻页”效果制作	

任务五　卷　　轴

一、任务导入

卷轴

使用 AE CC 蒙版可制作经典的卷轴动画。

二、任务实施

步　　骤	说明或部分截图
(1) 在 AE CC 中导入一幅图片,基于该图片创建一个“合成”	

续表

步　　骤	说明或部分截图
（2）选定图层，使用矩形工具绘制一个矩形蒙版	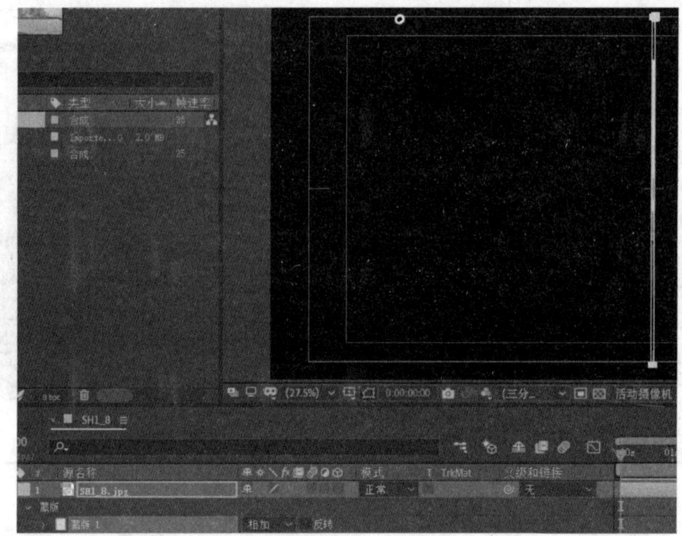
（3）移动当前时间指示器至开头，再单击“蒙版”→“蒙版 1”→“蒙版路径”之前的码表，调整矩形蒙版的形状，做四段关键帧动画，即：停—展—停—收，它们分别对应图面的展开和收拢	
（4）取消图层的选定状态，使用矩形工具，绘制两个矩形并选中，再选择“合成”→“预渲染”菜单命令预合成（Ctrl+Shift+C）一个卷轴的形状，并将其居中	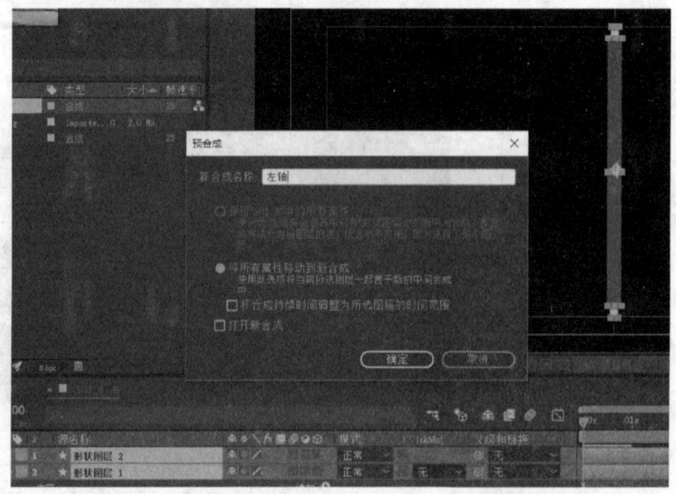

续表

步　　骤	说明或部分截图
(5) 移动时间指示器至开头，按 P 键展开左轴的位置属性，单击其前的码表添加关键帧。 与下层的矩形蒙版关键帧位置相对应，调整左轴的位置，加上相应的关键帧	
(6) 选中“左轴”图层，按组合键 Ctrl＋D 复制一层，将其重命名为“右轴”图层。 与下层的矩形蒙版关键帧位置相对应，调整右轴的位置，加上相应的关键帧，从而完成双边对开的卷轴动画	

三、任务拓展

扇形

使用“效果和预设”中的“径向擦除”，制作一个扇形图形展开的动画效果。

步　　骤	说明或部分截图
(1) 在 AE CC 中导入一幅图片，基于该图片创建一个“合成”。 选定图层，使用椭圆工具绘制两个同心圆蒙版，将小圆蒙版设置为“相减”，得到一个圆环形蒙版	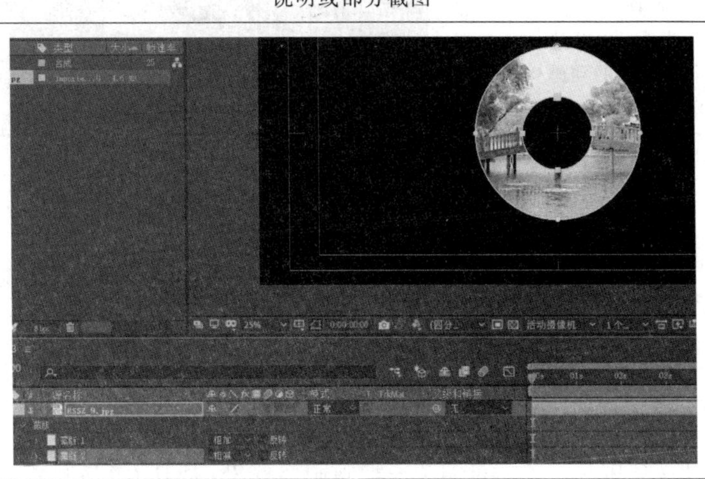

续表

步骤	说明或部分截图
（2）使用钢笔工具绘制一个三角形蒙版，将其蒙版设置为“相交”从而得到一个扇形蒙版	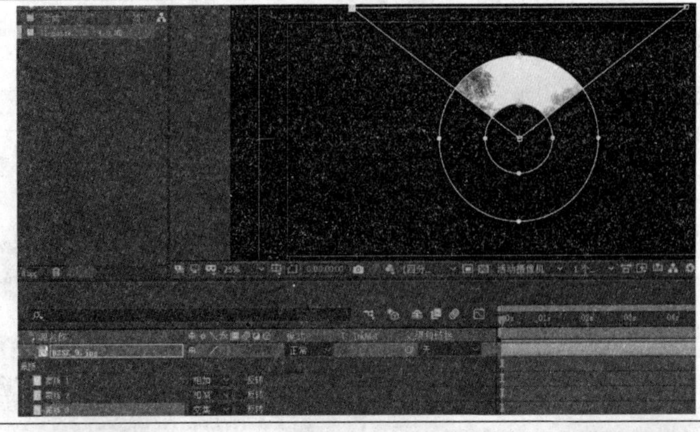
（3）右击图层，选中“效果”→“过渡”→“径向擦除”	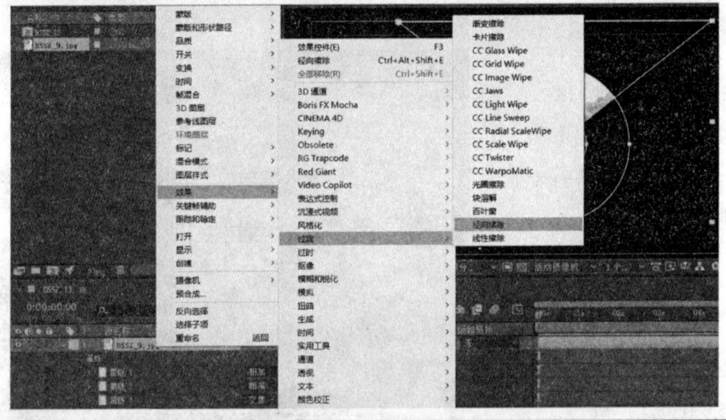
（4）将当前时间指示器移至开头，在“效果控件”面板单击过渡完成和起始角度前面的码表，设置其值分别为100、－90；“擦除”为“逆时针”。 调整“过渡完成”的值，可制作停—展—停—收四段动画，从而完成扇形图形的动画效果制作	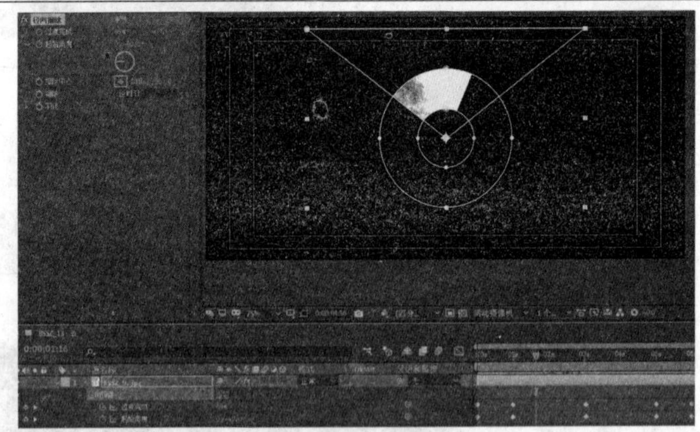

任务六　预设文字动画

一、任务导入

AE CC中预设了大量的文字动画制作效果，类似于Photoshop中的“动作”，在制作文字动画时灵活地运用它可事半功倍。

预设文字动画

二、任务实施

<table>
<tr><th>步　　骤</th><th>说明或部分截图</th></tr>
<tr><td>（1）新建一个合成，使用文字工具输入一行文字。
选择菜单命令“动画”→“将动画预设应用于”，打开 AE CC 文字动画预设对话框</td><td>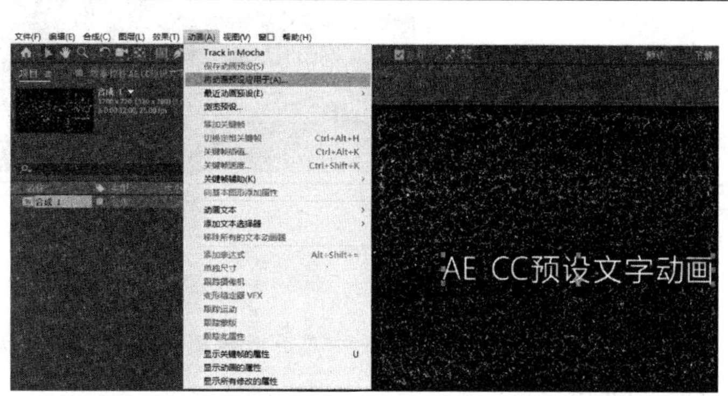

↓
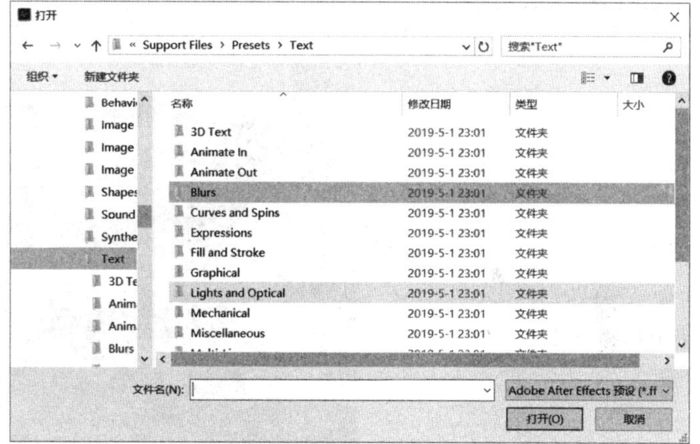
</td></tr>
<tr><td>（2）选中“..\Support Files\Presets\Text\Expressions”项目中的“文字回弹”项，就会得到一行波浪状的文字弹跳动画效果</td><td>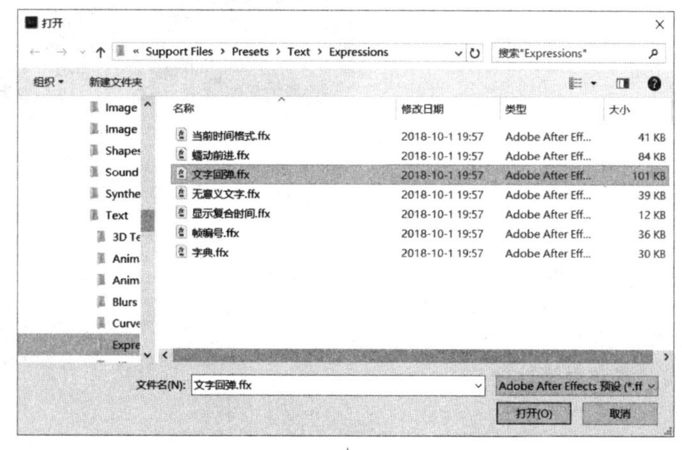

↓</td></tr>
</table>

续表

步　　骤	说明或部分截图
	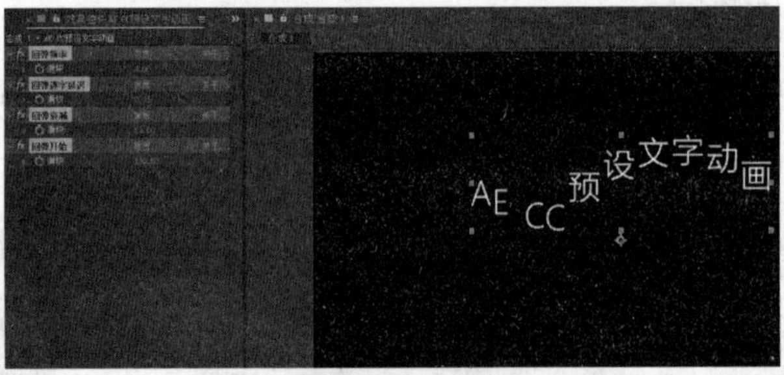

三、任务拓展

在 AE CC 中不仅预设了大量的文字动画效果，而且预设了大量的背景图片的动态效果，方便用户轻易地对背景图层进行设置。

预设背景动画

步　　骤	说明或部分截图
（1）新建一个纯色背景层，并将其移动至时间轴的最下方	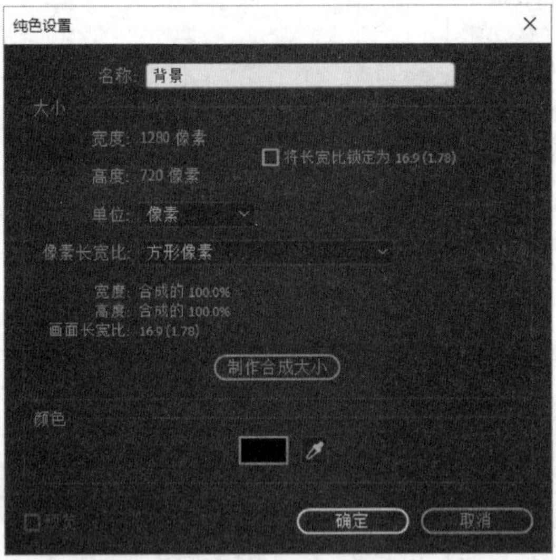
（2）选择“..\Support Files\Presets\Backgrounds”项目中的“丝绸”项，一个动态的丝绸飘动背景就制作完成了	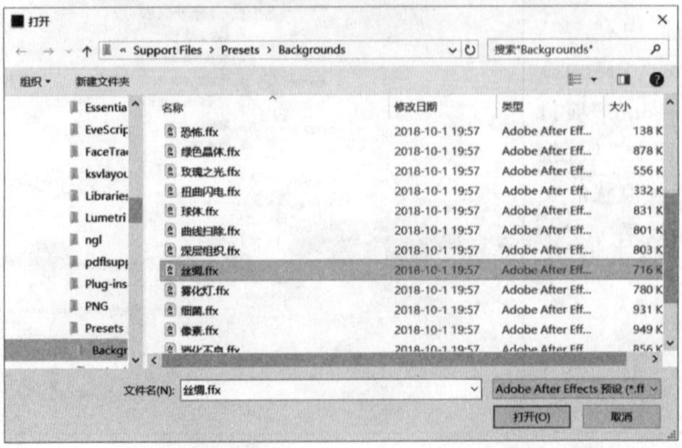 ↓

续表

步　　骤	说明或部分截图

任务七　脉　动　字

一、任务导入

在 AE CC 中通过文字“动画”（非图层）的设置，可产生较强烈的视觉冲击效果。

脉动文字

二、任务实施

步　　骤	说明或部分截图
（1）在 AE CC 中新建一个合成，再输入一行文字。 将文字进行水平、垂直居中设置	

续表

<table>
<tr><th>步　　骤</th><th>说明或部分截图</th></tr>
<tr><td>(2) 展示文字图层,依次单击"文本"→"动画"→"缩放",添加文本的缩放属性</td><td>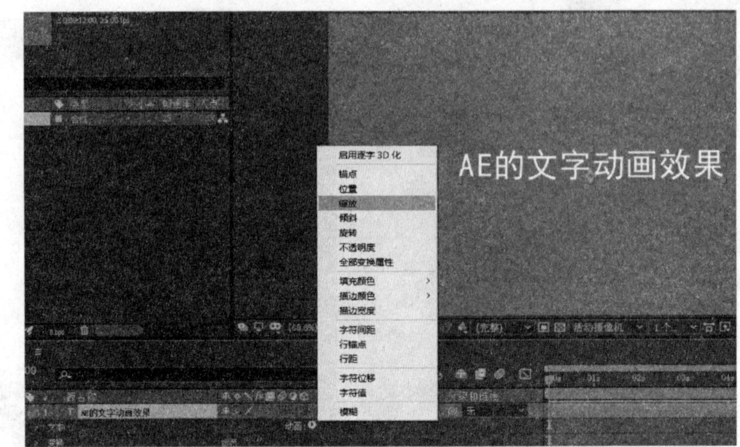
</td></tr>
<tr><td>(3) 将当前时间指示器移至开头,展开"动画制作工具 1"→"范围选择器 1",设置如下。
起始:0%;
结束:10%;
缩放:200%</td><td>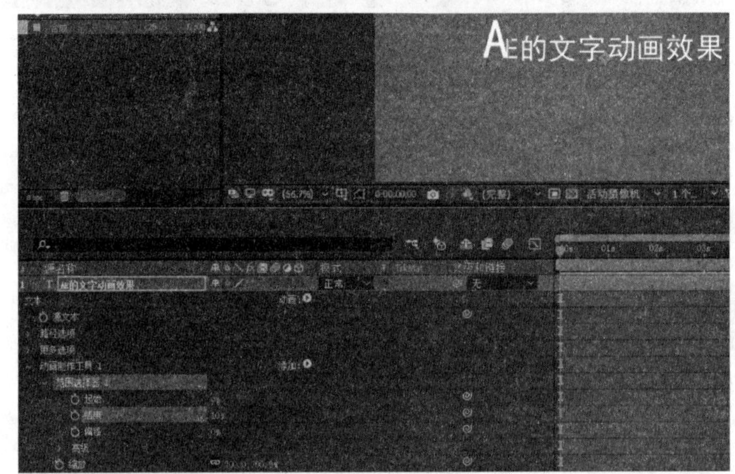
</td></tr>
<tr><td>(4) 单击"偏移"之前的码表,在 0s～1s～3s 的位置添加 3 个关键帧,设置其值为 －10%、－10%、100%,完成脉动文字的动画效果</td><td>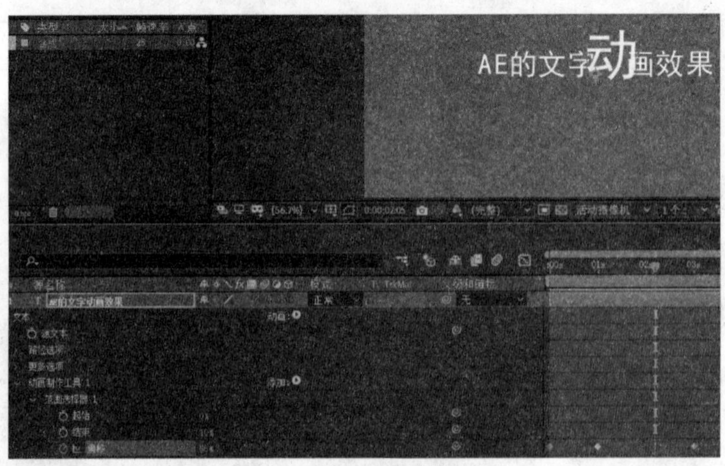
</td></tr>
</table>

续表

步　　骤	说明或部分截图
(5) 依次单击“动画制作工具 1”→“添加”→“属性”→“填充颜色”→RGB,准备对放大的文字做颜色填充	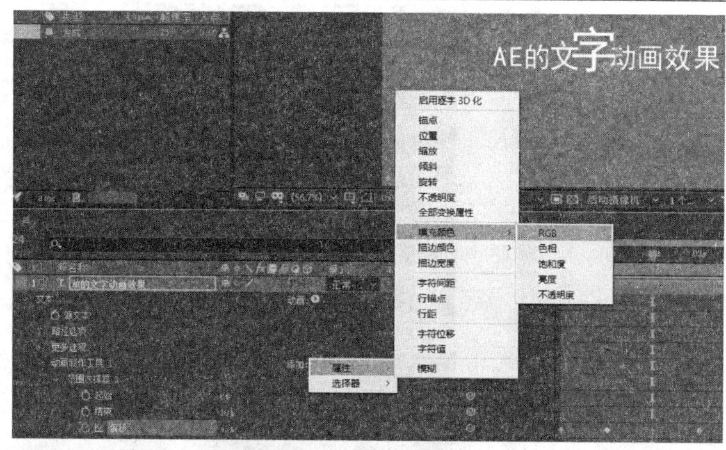
(6) 将填充颜色设置为“黄色”,从而完成脉动的变色文字动画效果	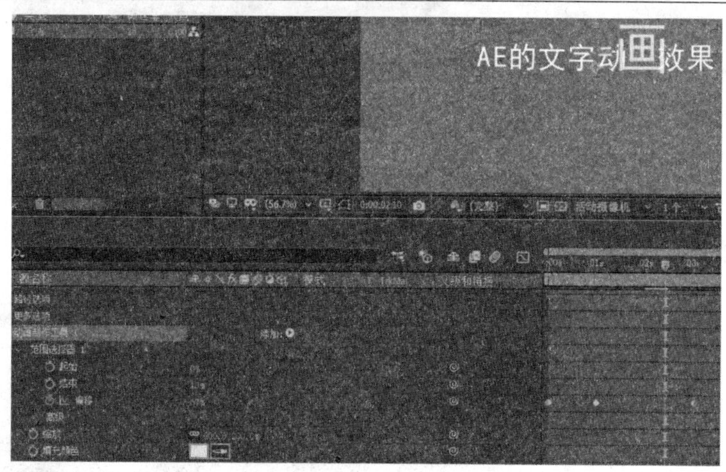

三、任务拓展

描边文字

利用“文字蒙版”创建文字描边动画效果。

步　　骤	说明或部分截图
(1) 新建合成,输入一行文字	

续表

步　　骤	说明或部分截图
（2）右击图层，在弹出的菜单中单击“创建”→“从文字创建蒙版”，新建一个文字蒙版图层	
（3）右击文字蒙版图层，在弹出的菜单中单击“效果”→“生成”→“描边”	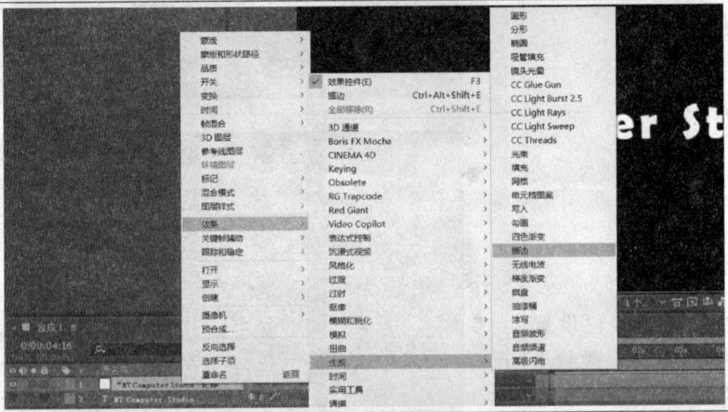
（4）在“效果控件”面板中设置“描边”相关的参数如下。 选中“所有蒙版”“顺序描边”；“绘画样式”为“显示原始图像”；移动当前时间指示器至开头，单击“结束”之前的码表，设定其值为0%，在4s处再设定其值为100%，完成效果制作	

任务八　眩　光　字

一、任务导入

眩光字

AE CC中文字动画的效果可以叠加，组合使用效果更佳。

二、任务实施

<table>
<tr><th>步　骤</th><th>说明或部分截图</th></tr>
<tr><td>(1) 新建合成，输入一行文字并将其设置为非白色。
展开图层，单击“文本”→“动画”→“不透明度”，再将其值设置为 0%</td><td>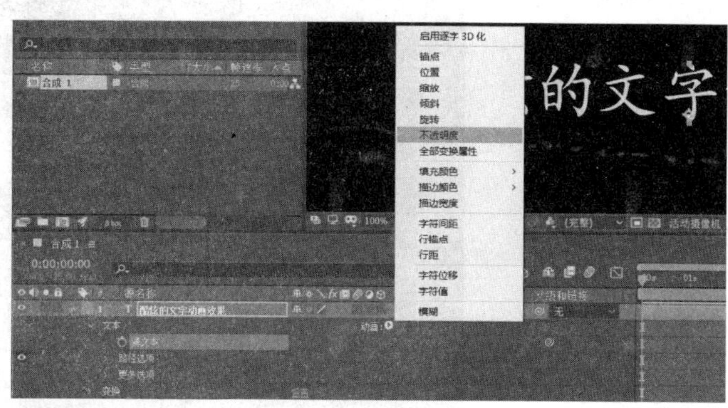
</td></tr>
<tr><td>(2) 依次单击“动画制作工具 1”→“添加”→“属性”→“缩放”，将其值设置为 200%。
将当前时间指示器移至开头，单击“偏移”之前的码表，添加一个关键帧，在 3s 处再添加一个关键帧，设置“偏移”的值为 100%，完成如图所示的文字动画</td><td>
</td></tr>
<tr><td>(3) 依次单击“动画制作工具 1”→“添加”→“属性”→“旋转”，将其值设置为 −1，即将每个文字做顺时针方向旋转</td><td>
</td></tr>
</table>

续表

步　　骤	说明或部分截图
(4) 依次单击“动画制作工具 1”→“添加”→“属性”→“填充颜色”→“色相”。 将当前时间指示器移至开头，单击“色相”之前的码表，添加一个关键帧，在 3s 处再添加一个关键帧，设置“色相”的值为 3，完成如图所示的文字动画	
(5) 打开“运动模糊”的总开关，再打开图层“运动模糊”分开关，完成最终的文字动画效果制作	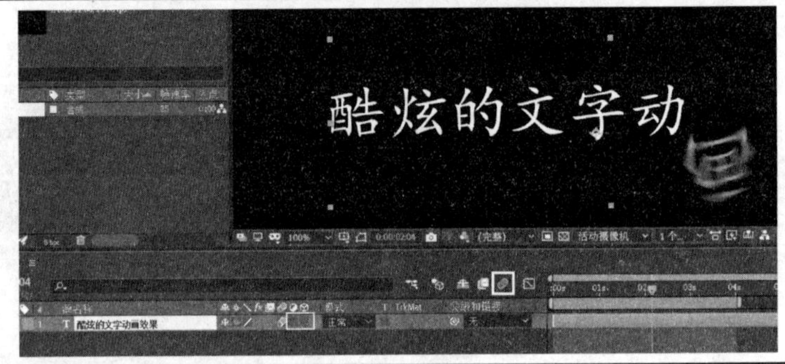

三、任务拓展

破碎字

使用 AE CC “效果和预设”可设置破碎的文字动画效果。

步　　骤	说明或部分截图
(1) 新建合成，输入一行文字，右击图层，依次单击“效果”→“模拟”→CC Pixel Polly	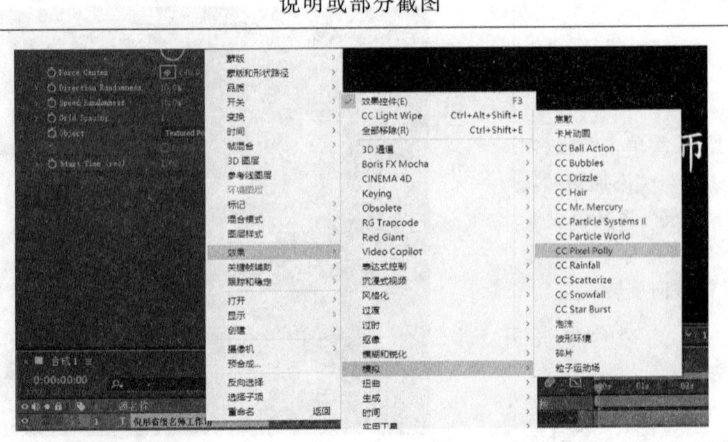

续表

步　　骤	说明或部分截图
（2）在“效果控件”面板中设置如下。 Force：141 左右。 Gravity：0。 Grid Spacing：1。 Start Time：1.00。 即从 1s 开始文字产生破碎爆炸的效果	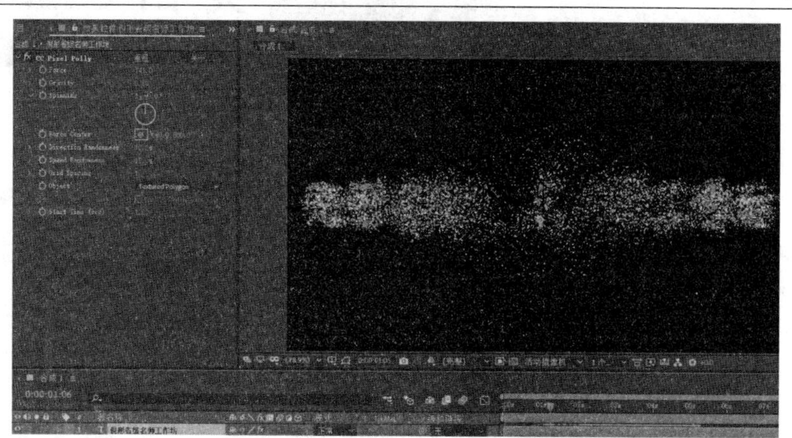

项目三

AE特效

任务一　高架广告

高架广告

一、任务导入

利用AE CC预设的“扭曲”效果，可在高架广告上布展视频。

二、任务实施

步　　骤	说明或部分截图
(1) 在AE CC中导入一幅高架广告图片并基于它创建一个新的合成	
(2) 导入一个视频文件并将其拖拽至图层之上，右击图层，依次单击“效果”→“扭曲”→“边角定位”	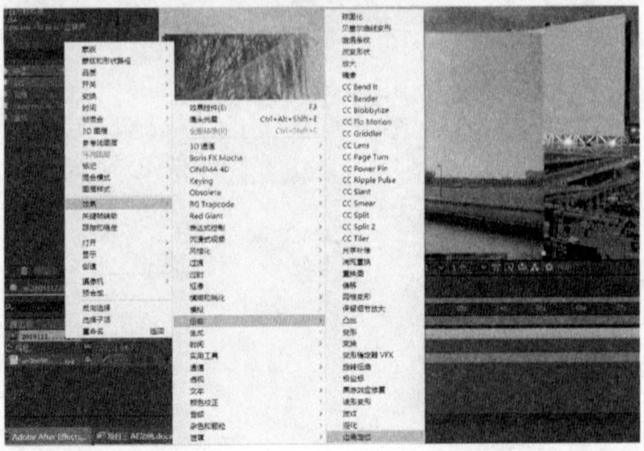

续表

步　　骤	说明或部分截图
(3) 调整左上、右上、左下、右下四个边角定位点，使其与高架牌完全吻合	
(4) 按组合键 Ctrl+D 复制一层，右击图层，单击“效果”→“生成”→“梯度渐变”。将渐变起点(黑色)设置在右下角，渐变终点(白色)设置在左上角，模拟光线来自左上角的效果	
(5) 将图层混合模式设置为“叠加”，完成最终的效果制作	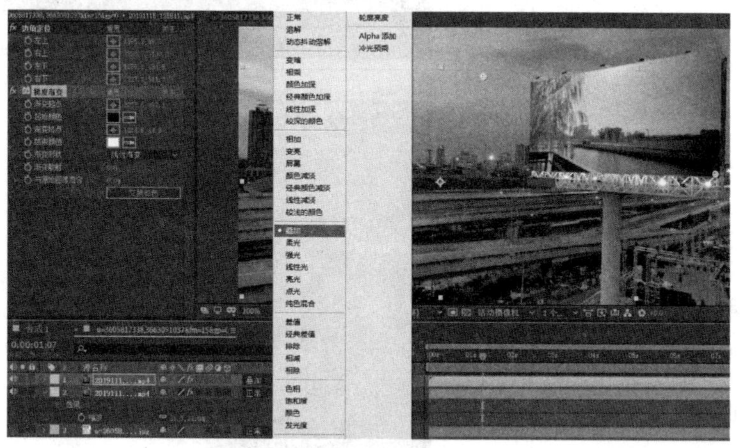

三、任务拓展

利用第三方插件 TypeMonkey 制作抖音文字动画。

抖音文字动画

步　骤	说明或部分截图
（1）将 TypeMonkey 插件(包括一个主文件、两个文件夹)复制、粘贴至 AE CC 的 ScriptUI Panels 文件夹中	
（2）新建一个合成，参照手机界面设定尺寸及持续时间	
（3）单击“窗口”菜单下的 TypeMonkey. jsxbin 项，打开第三方插件 TM	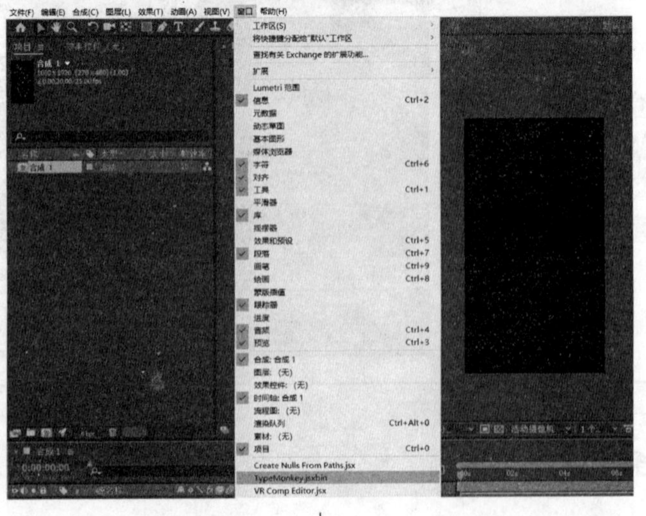 ↓

续表

步　　骤	说明或部分截图
	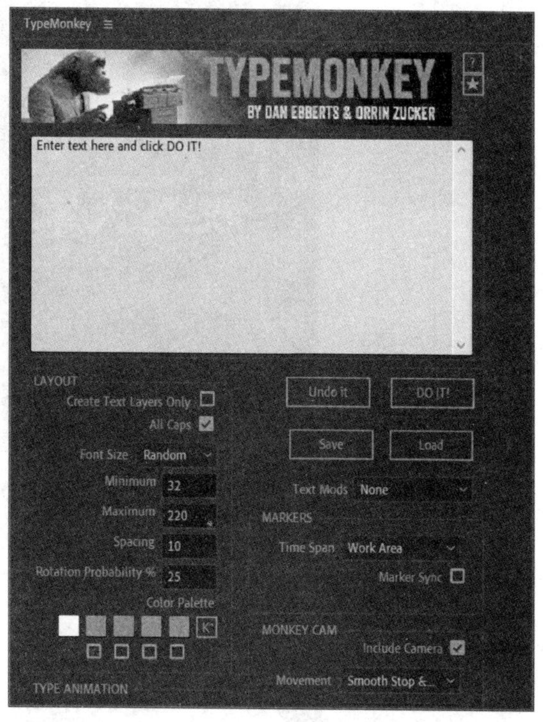
（4）在空白区逐行输入文字，并可对每行文字的颜色加以改变。 单击 Do IT！按钮并确认； 单击 Undo it 按钮，可重新编辑	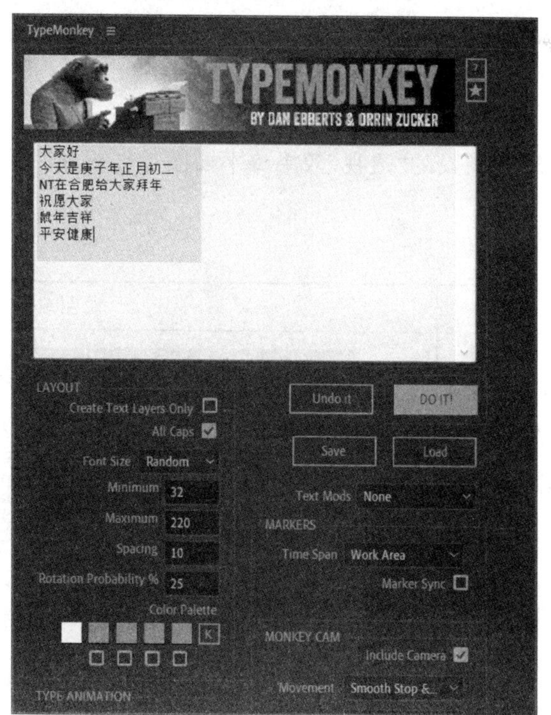

续表

步　　骤	说明或部分截图
（5）最终完成的抖音文字动画效果	

任务二　旋转的球体

一、任务导入

旋转的球体

利用 AE CC 预设的“透视”效果将平面图片转化成三维效果。

二、任务实施

步　　骤	说明或部分截图
（1）新建一个合成，在其中导入一张拼贴好的照片	

续表

步　　骤	说明或部分截图
（2）右击图层，选择菜单命令“效果”→“透视”→CC Sphere，准备将图片转换成一个球体	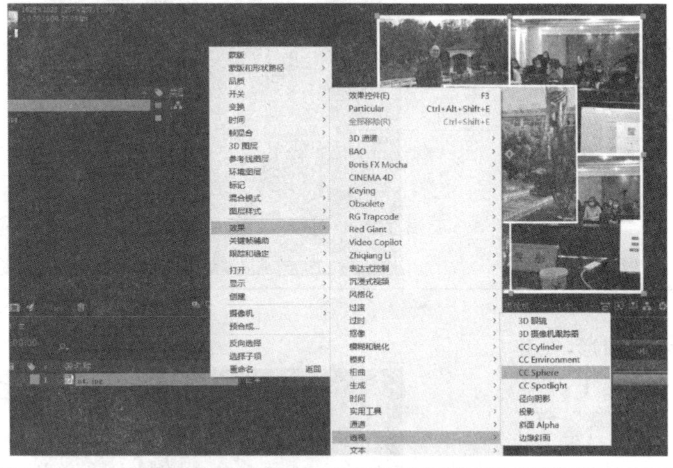
（3）在“效果控件”面板中调整 Radius 的值，使球体放大。 分别移动当前时间指示器至首、尾，单击 Rotation Y 前面的码表，添加两个关键帧，再分别设定其值为 0 和 3，一个旋转的球体就制作完成	
（4）调节 Shading 参数，完成旋转球体最终的细节刻化	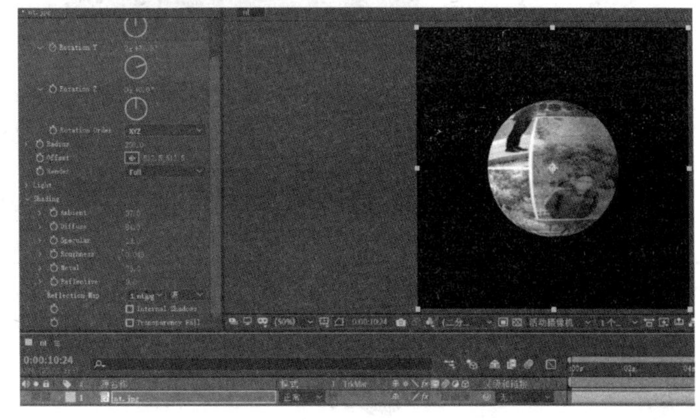

三、任务拓展

在旋转的球体制作完成之后，再来制作环绕球体的文字动画。

旋转的文字

步　　骤	说明或部分截图
(1) 输入一行文字，右击图层，在弹出的下拉菜单中，单击“效果”→“透视”→“斜面Alpha”	
(2) 右击图层，在弹出的下拉菜单中，单击“效果”→“透视”→CC Sphere。 在“效果控件”面板中将 Render 项设置为 Outside。 分别移动当前时间指示器至首、尾，单击 Rotation Y 前面的码表，添加两个关键帧，再分别设定其值为 0 和 3	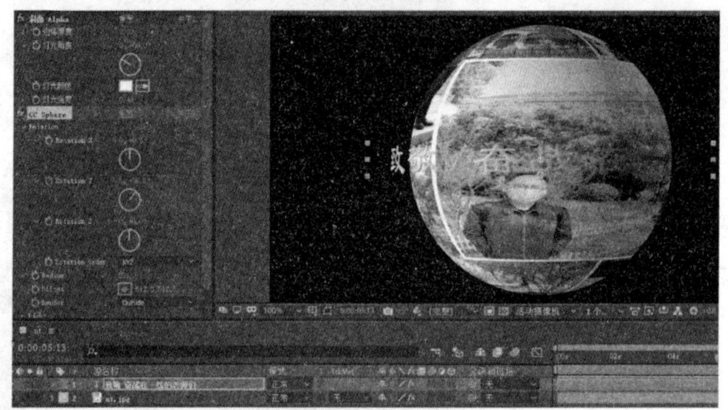
(3) 按组合键 Ctrl＋D 复制图层，在“效果控件”面板中，将 Render 项设置为 Inside。 调节两个文字图层“效果控件”面板上的 Shading 参数，完成旋转球体最终的效果制作	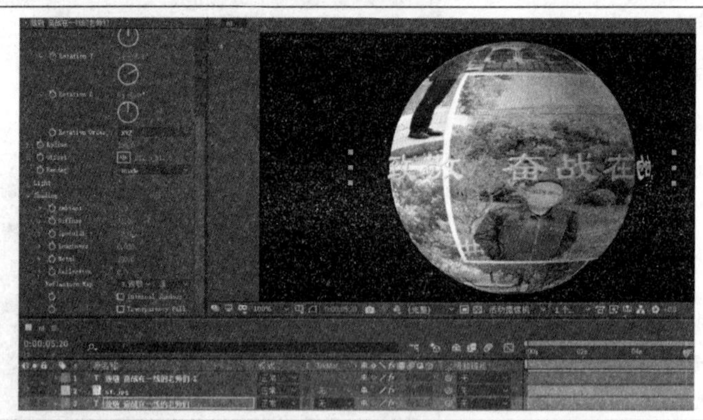

任务三　火焰（一）

一、任务导入

利用 AE CC 预设的“杂色和颗粒”效果可以制作火焰、水面等效果。

火焰(一)

二、任务实施

步　　骤	说明或部分截图
（1）新建合成，再新建一个纯色图层，右击图层，在弹出的下拉菜单中，选择“效果”→“杂色和颗粒”→“湍流杂色”特效	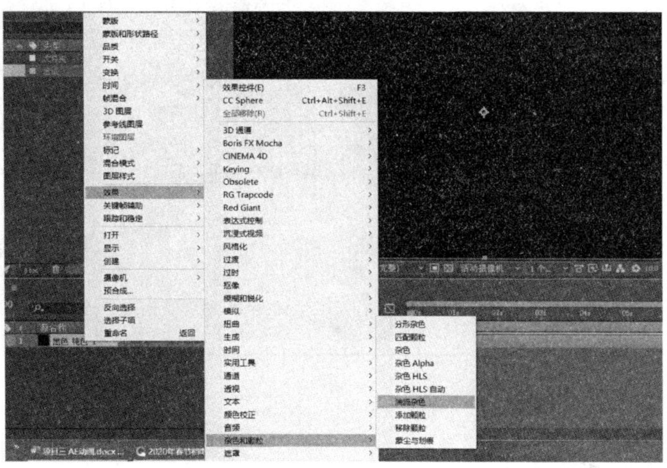
（2）在“效果控件”面板中设置“湍流杂色”的参数如下。 分形类型：动态扭转。 调整亮度、对比度、缩放宽度、缩放高度等	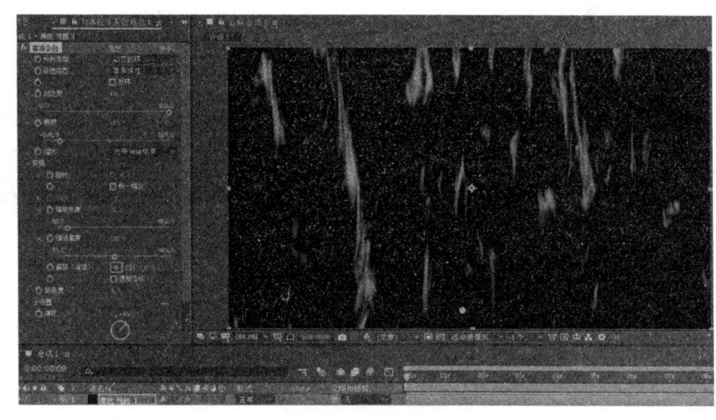
（3）移动当前时间指示器至开头、结尾处，再单击“演化”之前的码表，调整“演化”的数值，添加相应的关键帧，完成动画效果制作	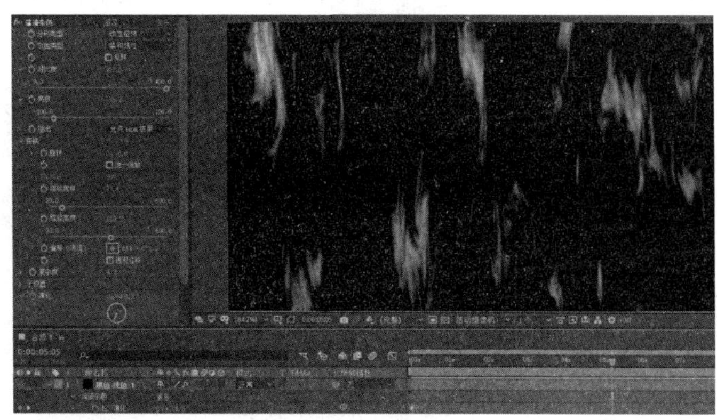

续表

步　　骤	说明或部分截图
（4）右击图层，在弹出的下拉菜单中，依次单击“效果”→“颜色校正”→“色光”。 在“输出循环”→“使用预设调板”中选中“火焰”，完成最终的效果制作	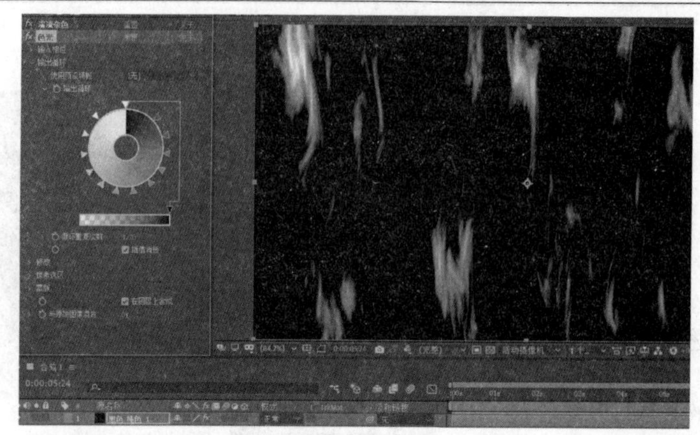

三、任务拓展

利用 AE CC 中的“模拟”→CC Particle Systems Ⅱ制作另类火焰动画效果。

另类火焰

步　　骤	说明或部分截图
（1）新建合成，再新建一个纯色图层，右击图层，在弹出的下拉菜单中，选择“效果”→“模拟”→CC Particle Systems Ⅱ	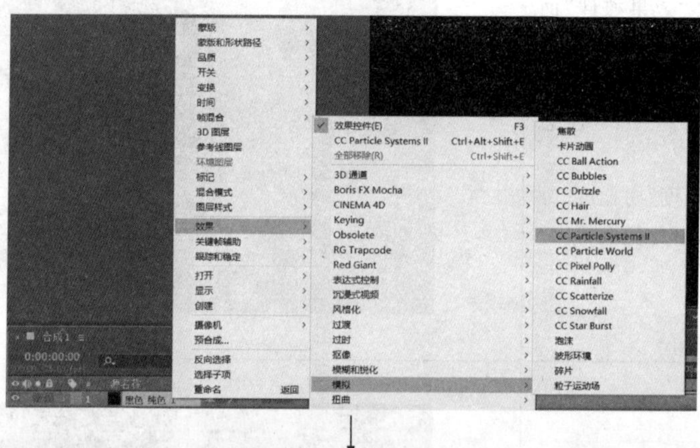 ↓ 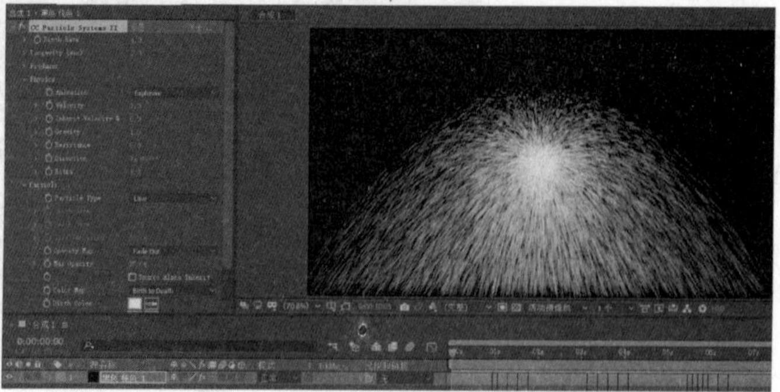

续表

步　骤	说明或部分截图
（2）在“效果控件”面板中调整参数如下。 Physics→Animation：Fire。 Particle→Particle Type：Cube 等	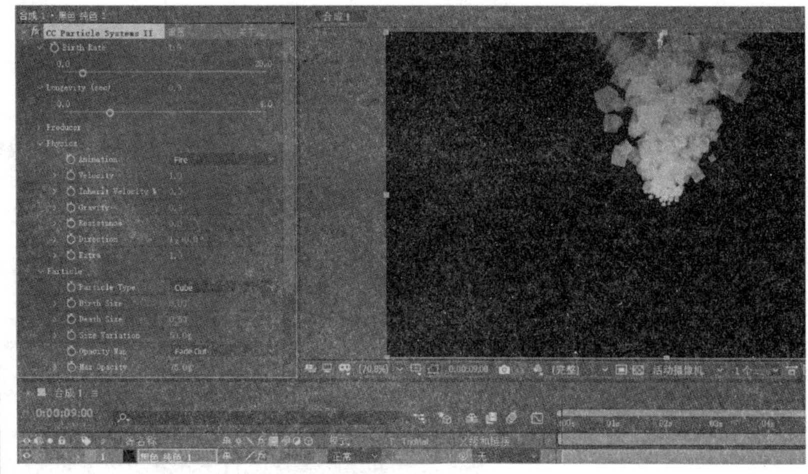
（3）右击图层，在弹出的下拉菜单中，依次单击“效果”→“模糊和锐化”→“高斯模糊”。 在“效果控件”面板中调整“模糊度”的数值，完成火焰动画的效果制作	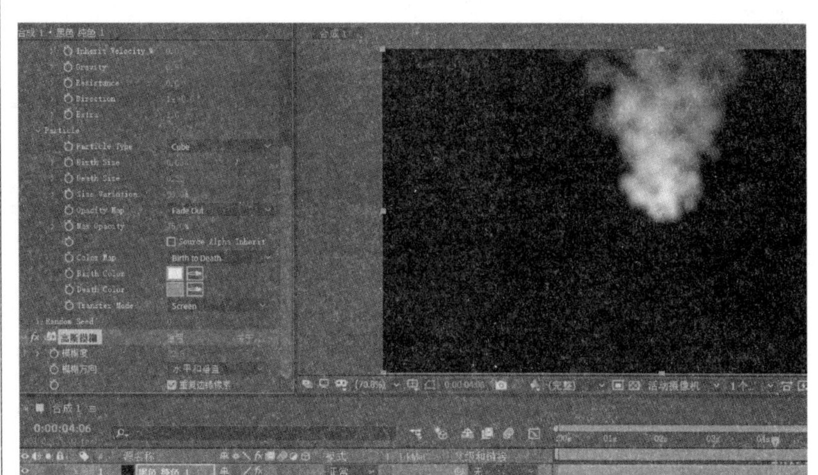

任务四　放　大　镜

一、任务导入

利用 AE CC 预设的“放大、球面化”效果可以制作常见的放大镜动画效果。

放大镜

二、任务实施

步　　骤	说明或部分截图
(1) 新建合成，再新建一个纯色图层。 使用文字工具输入一行文字。 在无图层选中的状态下，使用椭圆和矩形工具绘制一个放大镜	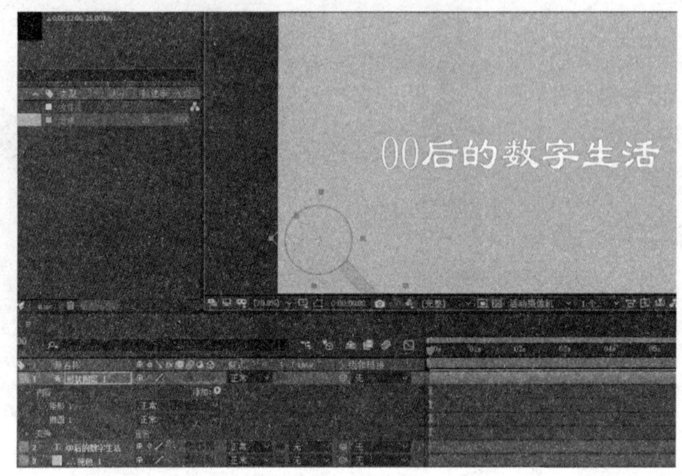
(2) 单击“放大镜”所在的形状图层，按P键展开其位置属性，做一段从左向右移动的关键帧动画	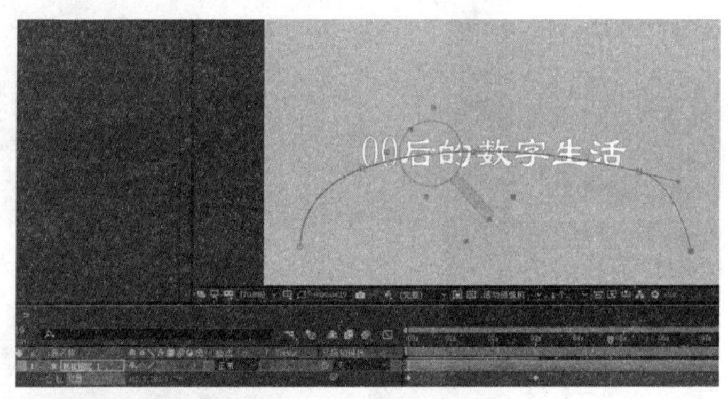
(3) 选中全部关键帧，右击，在弹出的菜单中选中“关键帧辅助”→“缓动”特效(F9)	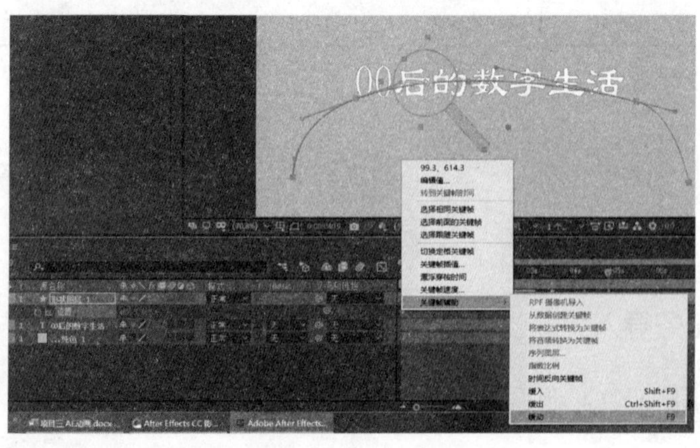

续表

步　　骤	说明或部分截图
(4) 新建一个调整图层,添加扭曲特效:放大、球面化	
(5) 将"中心""球面中心"均关联至放大镜的"位置",从而使它们产生同步运动的效果	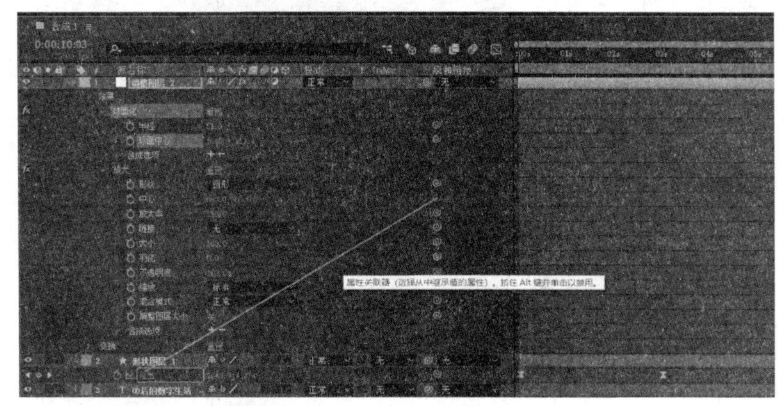
(6) 调整"放大"→"放大率"和"球面化"→"球面中心"的值,使其与放大镜的大小完全匹配,完成放大镜动画效果制作	

三、任务拓展

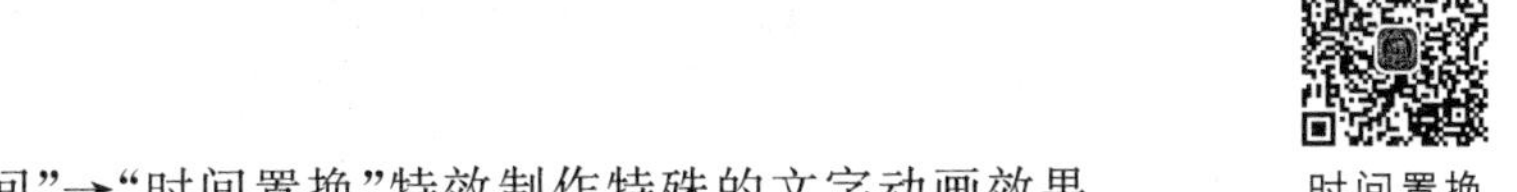
时间置换

利用 AE CC 中的"时间"→"时间置换"特效制作特殊的文字动画效果。

步　　骤	说明或部分截图
(1) 新建合成,再新建一个文本图层,基于位置(P)属性,制作进—停—出三段文字动画	
(2) 新建一个纯色层,添加“杂色和颗粒”→“分形杂色”特效,调整参数如下。 分形类型:最大值。 杂色类型:块。 缩放宽度:20 左右。 缩放高度:2500 左右。 按组合键(Ctrl + Shift+C)将其进行“预合成”。 隐藏该图层	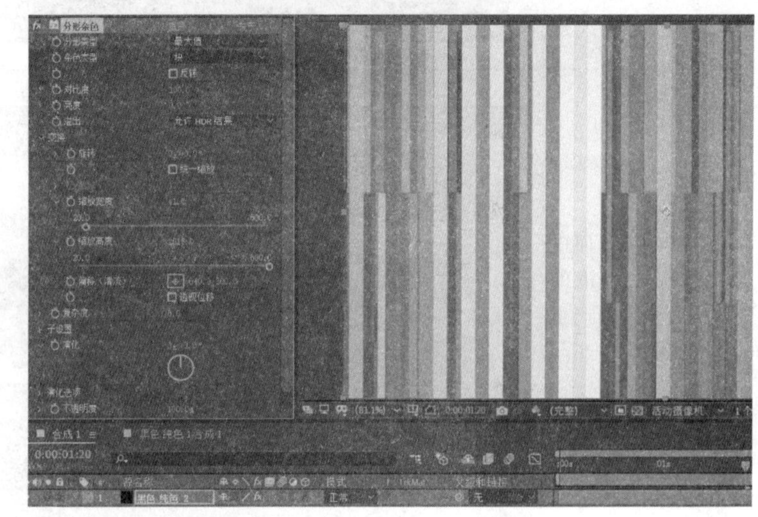
(3) 右击文字图层,在弹出的下拉菜单中,选择“效果”→“时间”→“时间置换”特效。 在“效果控件”面板中调整“最大移位时间”的数值	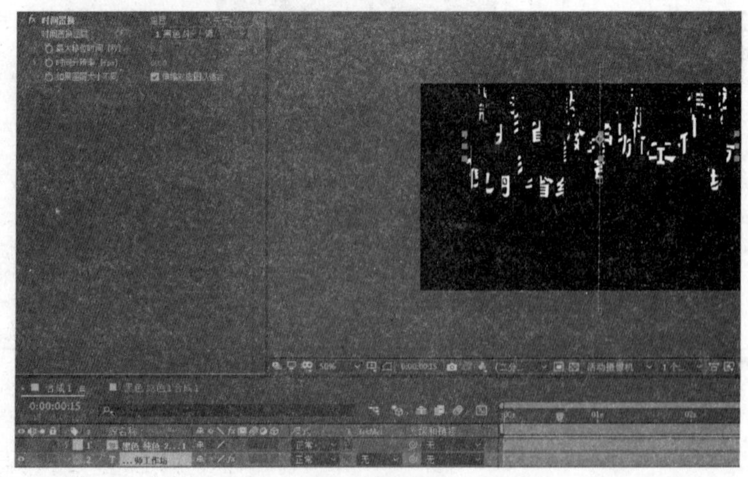

续表

步　　骤	说明或部分截图
（4）选定两个图层，再次“预合成”，添加“扭曲”→“光学补偿”特效。 调整“视场”的值，并选定“反转镜头扭曲”，完成最终的效果制作	 ↓ 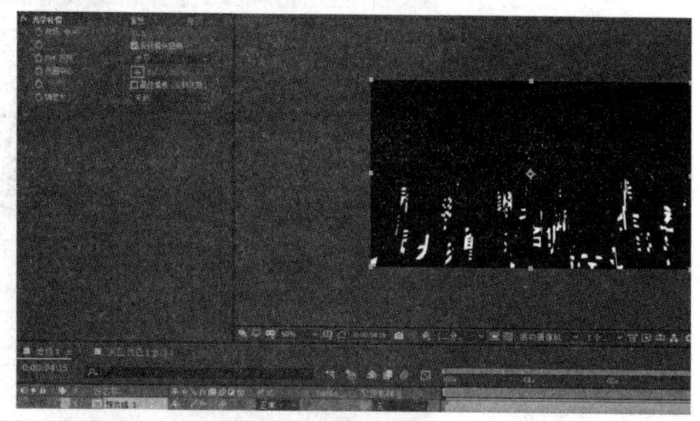

任务五　电子相册

一、任务导入

电子相册

利用 AE CC 预设的“序列图层”可制作简单的电子相册效果。

二、任务实施

步　　骤	说明或部分截图
（1）在 AE CC 中导入一批图片，再将其拖拽至“新建合成”按钮，可基于其中的一张图片新建合成，设置时长为 4s	

续表

步　　骤	说明或部分截图
(2) 保持10个图层同时选中，按S键展开“缩放”属性，首、尾各添加一个关键帧，调整首帧的值为106%	
(3) 按组合键Ctrl+K打开“合成设置”对话框，将持续时间修改为40s	
(4) 右击图层，在弹出的下拉菜单中选择“关键帧辅助”→“序列图层”特效。 在弹出的对话框中设置如下。 持续时间：1s。 过渡：溶解前景图层	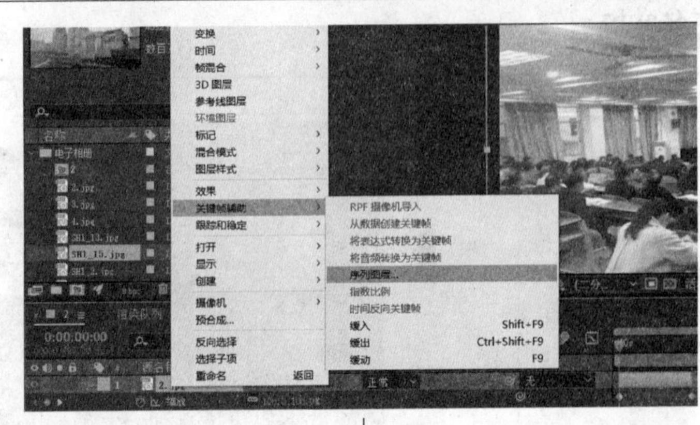

续表

步　　骤	说明或部分截图
	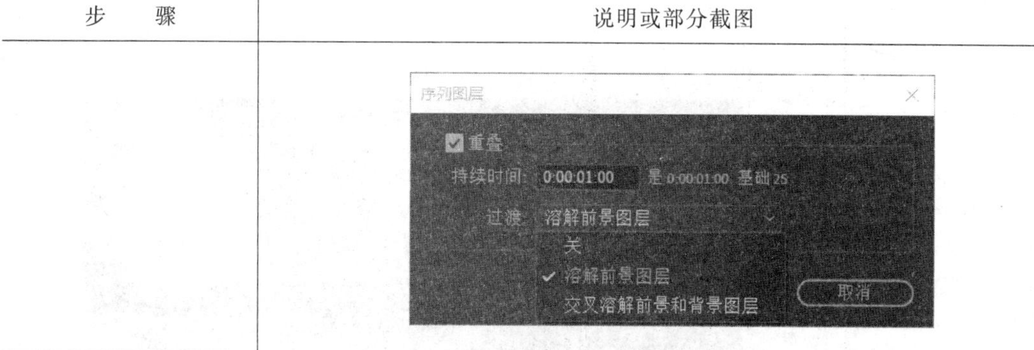
（5）导入一个 MP3 格式的声音文件作为背景音乐，完成电子相册的效果制作	

三、任务拓展

六边形图片

利用正六边形制作图片的动画效果。

步　　骤	说明或部分截图
（1）在 AE CC 中使用多边形工具再辅之以上、下方向键绘制一个正六边形	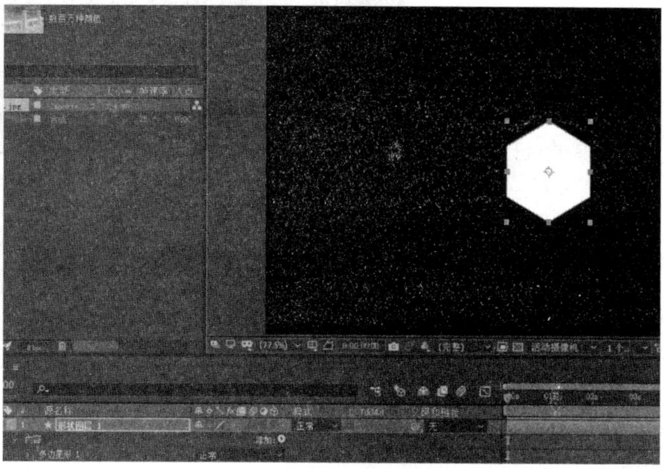

续表

步　骤	说明或部分截图
(2) 按 S 键打开“缩放”属性，在 0～2s 处各添加一个关键帧，制作自小至大的动画效果。 选中两个关键帧，按功能键 F9，使运动更趋平滑	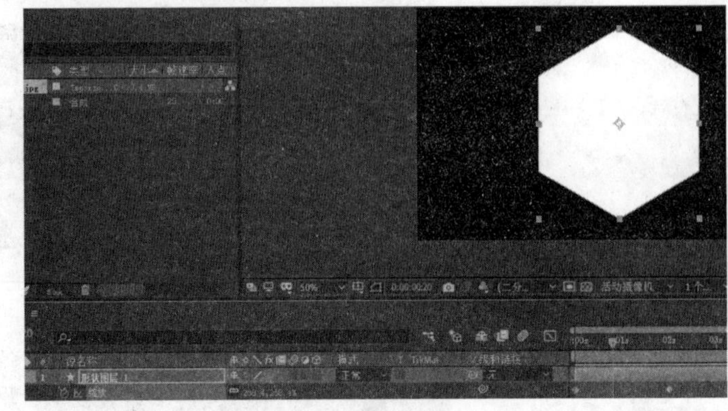
(3) 导入一幅图片，并将其置于最下层，展开其位置(P)和缩放(S)属性。 在 0～3s 处添加关键帧，改变 P、S 的值，制作一段运动动画	
(4) 在图片所在的图层展开“轨道遮罩”，选定为“Alpha 遮罩‘形状图层 1’”	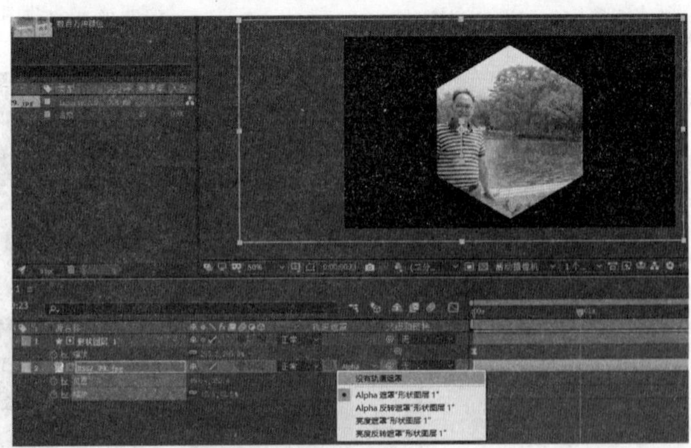

续表

步　　骤	说明或部分截图
（5）选定两个图层，按组合键 Ctrl＋Shift＋C 进行预合成	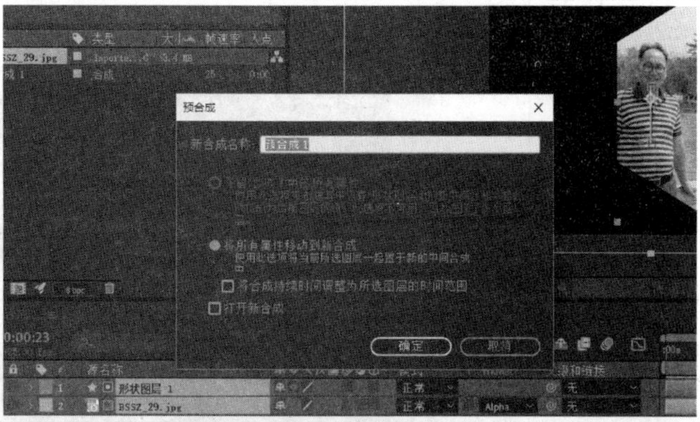
（6）按组合键 Ctrl＋D 两次复制两个图层，选定第 2 和 3 层，按 T 键展开“不透明度”属性，将其值分别设定为 60％ 和 30％，再依次缩进，完成效果的制作	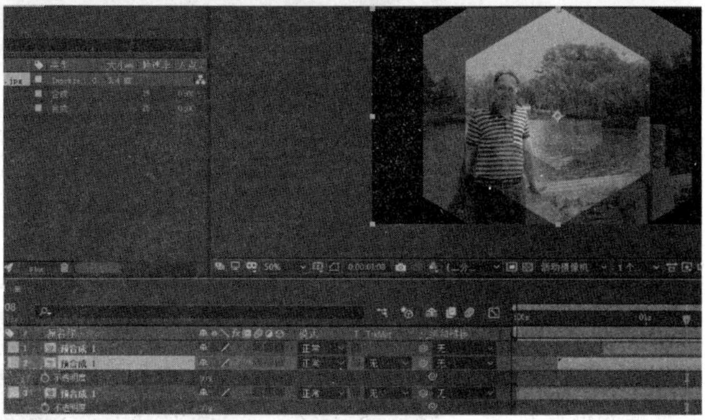

任务六　画面过渡

一、任务导入

画面过渡

利用 AE CC 的“合成嵌套”制作三张图片的轮替转场效果。

二、任务实施

步　　骤	说明或部分截图
（1）在 AE CC 中新建一个合成（合成 1），时长 9s。 导入三张图片，按 2—3—4—2 的顺序将它们如图所示在图层上排列好，重叠时长为 1s	

续表

<table>
<tr><th>步　骤</th><th>说明或部分截图</th></tr>
<tr><td>(2) 新建一个时长为 1s 的合成(合成 2)。
新建一个纯色层,高度为合成的 1/3,并做顶端对齐</td><td>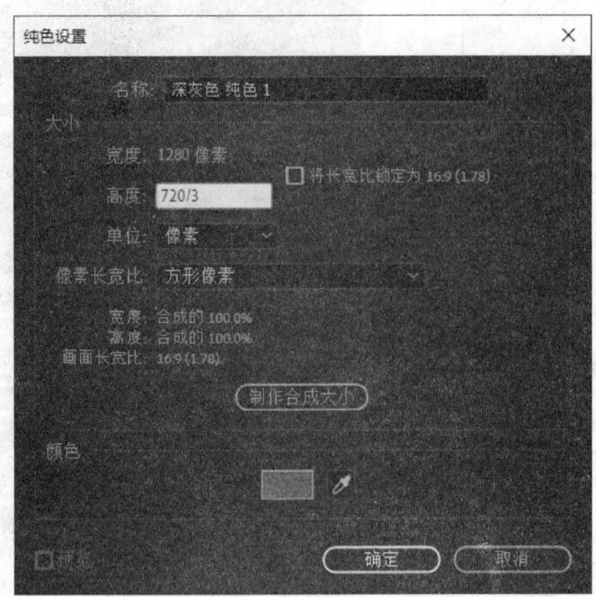
</td></tr>
<tr><td>(3) 按 P 键展开位置属性,在 0～1s 处添加两个关键帧,制作一段从左至右的运动动画。
选中两个关键帧,按 F9 键平滑速度曲线</td><td></td></tr>
<tr><td>(4) 按组合键 Ctrl+D 两次复制两个图层。
将第二层上的两个关键帧“居中”对齐;
将第三层上的两个关键帧“底端”对齐</td><td>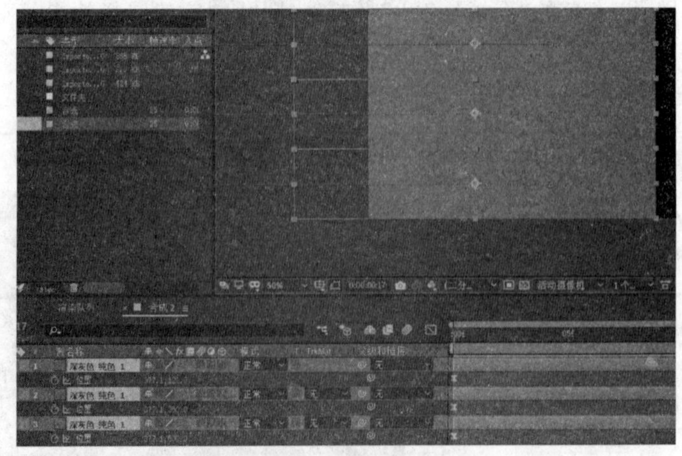</td></tr>
</table>

续表

步　　骤	说明或部分截图
(5) 调整第1和2层末关键帧的位置,使三层图形的运动速度不等,呈锯齿状	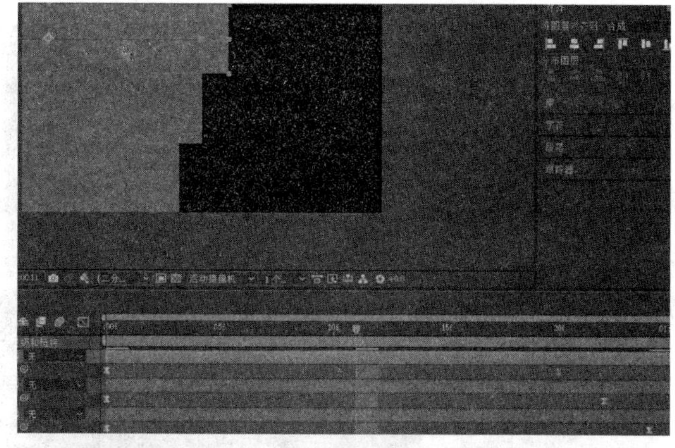
(6) 返回合成1,将合成2拖拽至两图层的重叠处上方,将下面图层的TrkMat(轨道遮罩)项设置为"Alpha反转遮罩…"。完成三张图片轮替转场动画效果的制作	

三、任务拓展

透明条状移动

利用调整图层制作玻璃条状移动的图片动画。

步　　骤	说明或部分截图
(1) 在AE CC中导入一幅图片,依据其新建合成。 按S键展开"缩放"属性,制作一段自大至小的动画	

续表

步　　骤	说明或部分截图
（2）新建一个调整图层，在其上绘制几个矩形蒙版。 添加“效果”→“扭曲”→“变换”特效，将“缩放”参数调整为103左右	
（3）继续添加“效果”→“颜色校正”→“曲线”特效，绘制如图所示的曲线	
（4）继续添加“效果”→“生成”→CC Light Sweep特效两次，调整Direction、Width的数值	

续表

步　　骤	说明或部分截图
(5) 继续添加“效果”→“生成”→“描边”特效，调整画笔大小、不透明度的数值。 将蒙版做适当旋转	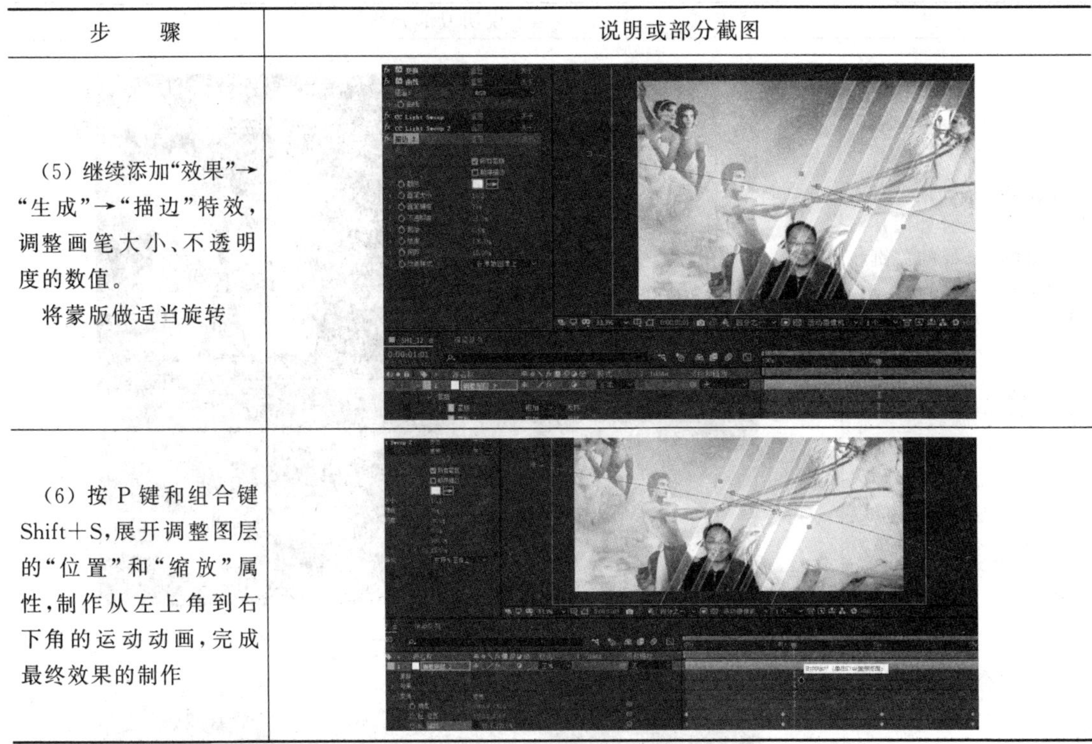
(6) 按 P 键和组合键 Shift＋S，展开调整图层的“位置”和“缩放”属性，制作从左上角到右下角的运动动画，完成最终效果的制作	

任务七　飞舞的蝴蝶

一、任务导入

飞舞的蝴蝶

利用“三维图层”“自动定向”及“折叠变换”制作蝴蝶飞舞的动画效果。

二、任务实施

步　　骤	说明或部分截图
(1) 在 AE CC 中导入一个分层的 PSD 格式蝴蝶图片，双击打开相应的合成，合成时长设定为 5s	

续表

步　　骤	说明或部分截图
（2）将三个图层均转换为3D图层。 左翅膀：移动锚点至右侧，在0～1～2s处添加三个关键帧，1s处的关键帧绕Y轴做－90°旋转。 右翅膀：移动锚点至左侧，在0～1～2s处添加三个关键帧，1s处的关键帧绕Y轴做90°旋转。 按住Alt键再分别单击左右翅膀Y轴前的码表，添加循环表达式：loopOut()	
（3）导入一幅图片并依据其新建一个合成，时长为5s。 再将蝴蝶动画合成拖拽至图层，转换图层为三维图层。 单击图层上的“折叠变换”按钮。 按P键展开“位置”属性，制作一段运动动画，右击图层，在弹出的菜单中选择“变换”→“自动定向”→“沿路径定向”	
（4）调整路径曲线，选择旋转工具(W)，对蝴蝶的运动方向、角度等进行调整，使其更具有立体感	

续表

步　　骤	说明或部分截图
(5) 将蝴蝶动画合成拖拽至图层，转换图层为三维图层。 单击图层上的“折叠变换”按钮。 使用旋转工具(W)调整好蝴蝶的角度。 添加“颜色校正”→“色相/饱和度”，完成最终的效果制作	

三、任务拓展

折叠变换

下面再通过两个例子，进一步认识“折叠变换”对合成图层、矢量图层的影响。

步　　骤	说明或部分截图
(1) 新建合成，导入两张图片，一张是JPG位图，另一张是AI矢量图。 将两个图层都转换成三维图层，沿Y轴顺时针旋转一个角度，排列成如图所示的形状	
(2) 按组合键Ctrl+Shift+C将其预合成。 将其嵌套至另一个合成中并转换为三维图层。 在沿Y轴旋转时，预合成中的两个图层就平面化成一层	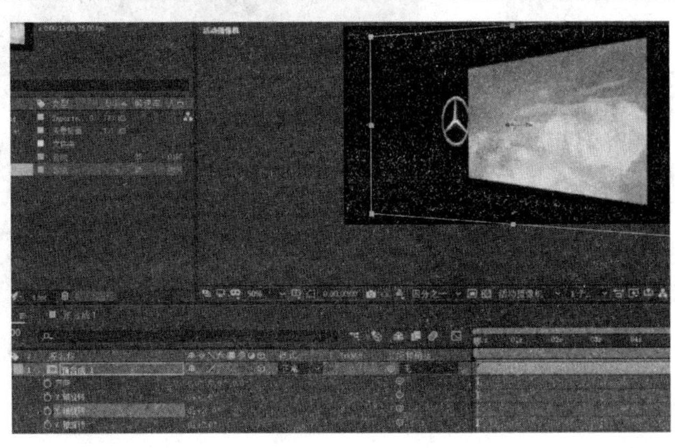

续表

步　骤	说明或部分截图
（3）单击图层上的“折叠变换”按钮，预合成上的两个图层重新分离	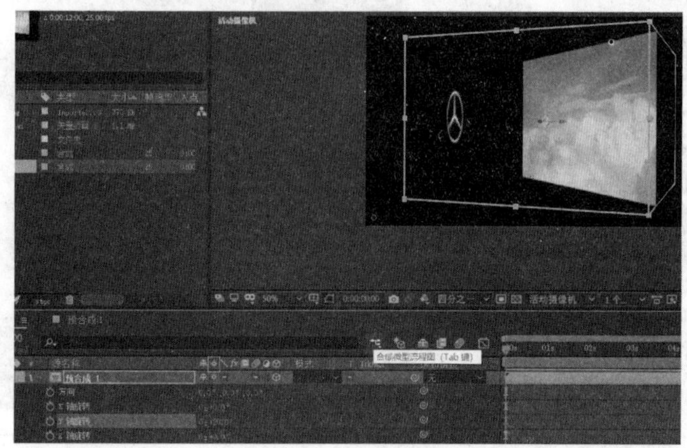
（4）导入一个矢量图形至合成中，图像的像素颗粒比较大且粗糙，如图所示	
（5）单击图层上的“折叠变换”按钮，图像的像素颗粒变得比较小且细腻，如图所示	

任务八　眼中的沙漠

一、任务导入

眼中的沙漠

利用 AE CC 中的“扭曲”→“光学补偿”特效制作眼中的沙漠动画。

二、任务实施

步　骤	说明或部分截图
(1) 在 AE CC 中导入两个视频素材，眼睛视频放于最下方图层。 调整上图层的不透明度，便于对齐两图层	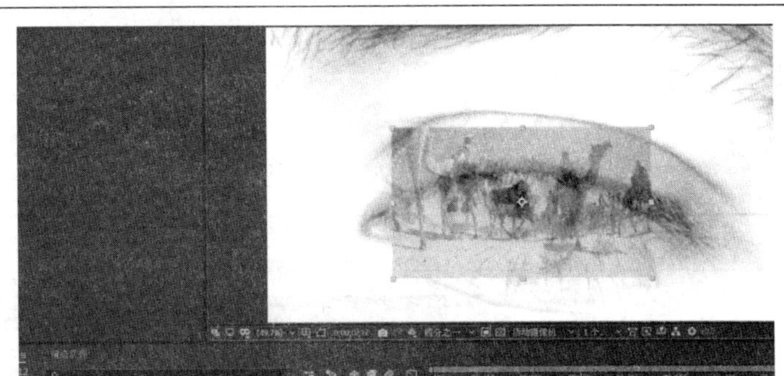
(2) 右击上图层，在弹出的菜单中选择“效果”→“扭曲”→“光学补偿”特效，调整“视场”(FOV)的值，使其与眼球的曲度相似。 按组合键 Ctrl+Shift+C，对图层进行预合成，同时将图层的不透明度调整为 100%	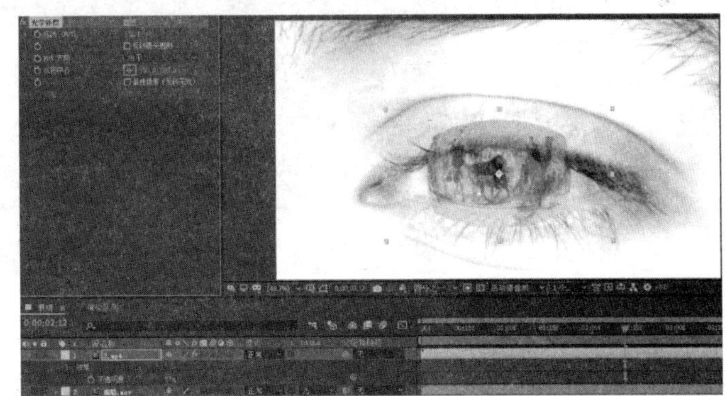
(3) 使用钢笔工具建立图层蒙版，并调整蒙版羽化的值。 单击“蒙版路径”之前的码表，依据眨眼的动作添加关键帧并调整“蒙版路径”的形状	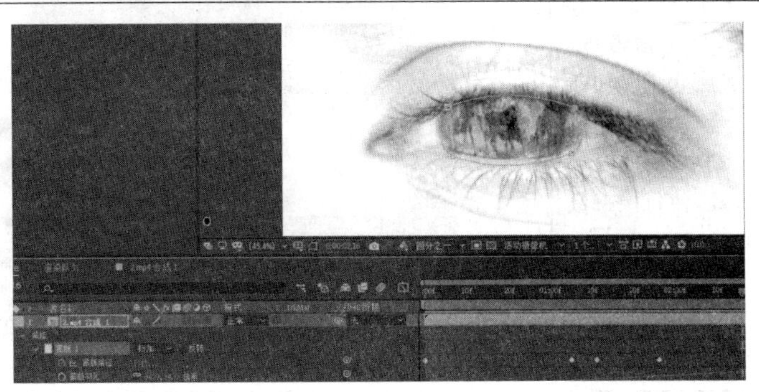

续表

步　骤	说明或部分截图
（4）选中下方眼睛所在的图层，添加“效果”→“生成”→“四色渐变”特效。 在“效果控件”面板中将四色渐变的混合模式设定为“叠加”，完成最终的效果制作	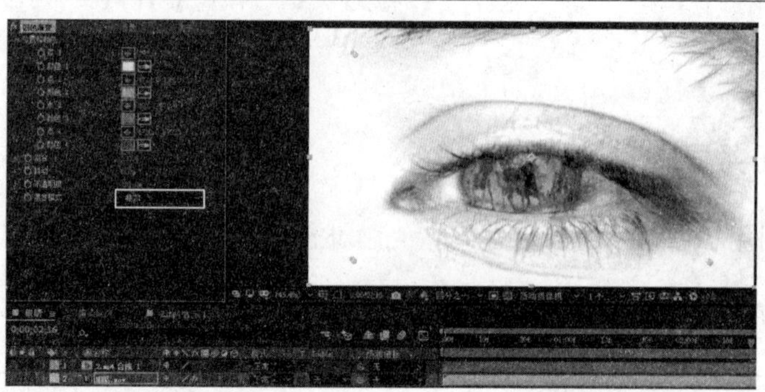

三、任务拓展

AE 动态分屏

利用“多层联动”制作 AE CC 的动态分屏效果。

步　骤	说明或部分截图
（1）在 AE CC 中导入三个视频素材，将其拖拽至图层。全部选中后，右击图层，在弹出的下拉菜单中，选择“变换”→“适合复合高度”特效	
（2）展开“标题/动作安全”项，显示参考线，这样在多层联动时便于对齐。 使用图层上的“时间伸缩”特效，使每层持续时间均能达到 7s	

续表

步　　骤	说明或部分截图
(3) 选定三个图层，按P键展开“位置”属性。移动当前时间指示器至首部，单击码表，建立关键帧。 继续移动时间指针至1s、2s、3s、4s的位置，添加关键帧	
(4) 选定所有关键帧，按F9功能键，设置为“缓动”。 在0～1s，保持第一层完全显示	
(5) 在1～2s，调整第一、二层对象的位置，在2～3s，保持各图层位置不变，如图所示	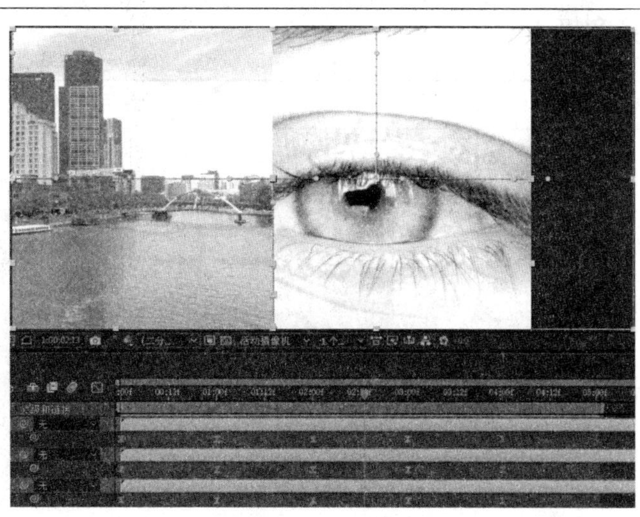

续表

步　　骤	说明或部分截图
(6) 在 3～4s,调整第一～三层对象的位置,在 4～5s,保持各图层位置不变,完成动态分屏效果制作,如图所示	

任务九　AK-47 片头动画

一、任务导入

AK-47 片头动画制作

利用 AE CC 中的"渐变""色调""线性擦除"和"快速模糊"等特效制作一个常见的片头动画效果。

二、任务实施

步　　骤	说明或部分截图
(1) 在 AE CC 中新建合成,再新建一个纯色图层,添加"效果"→"生成"→"梯度渐变",渐变形状设定为"径向渐变"	

续表

步　　骤	说明或部分截图
(2) 新建一个纯色图层，添加“效果”→“生成”→“镜头光晕”，镜头类型设定为“105 毫米定焦”。 添加“效果”→“模糊和锐化”→“快速方框模糊”，模糊方向设定为“水平”。 图层混合模式：屏幕	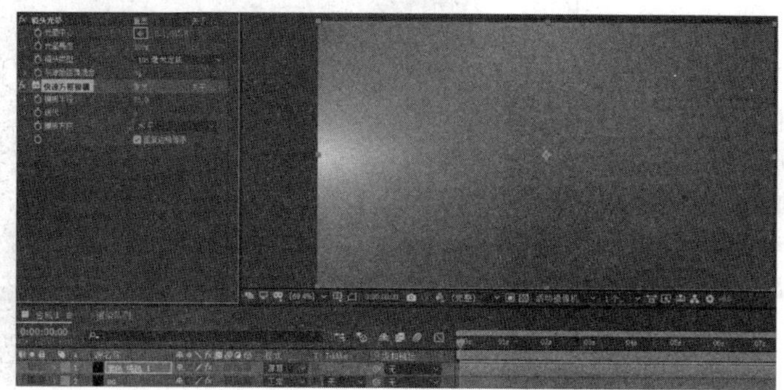
(3) 导入一个 GIF 格式的黑白图片。 添加“效果”→“颜色校正”→“色调”特效，调整映射的颜色。 添加“效果”→“过渡”→“线性擦除”，调整过渡完成、擦除角度、羽化的值。 图层混合模式：叠加	
(4) 导入一张灰度的人像图片，按 P 键展开“位置”属性，做水平方向的运动动画。 图层不透明度：50%。 图层混合模式：相加	

续表

步　骤	说明或部分截图
(5) 导入一张 PNG 格式枪的图片,将图层转换为三维图层,按 R 键展开"旋转"属性,单击"Y 轴旋转"之前的码表,绕 Y 轴做一圈运动动画。 图层混合模式:强光	
(6) 添加一行标题文字,按 P 键展开"位置"属性,制作水平方向快进、快出、多段运动动画。 单击图层"运动模糊"总开关、分开关	
(7) 按组合键 Ctrl+D,复制文字图层,添加"效果"→"模糊和锐化"→"快速方框模糊",模糊方向设定为"水平",增强图层的动感效果。 最后导入一个 MP3 格式的文件作为背景音乐,完成片头动画最终效果的制作	

三、任务拓展

RGB 色调分离

通过"色阶(单独控件)"特效制作一个 RGB 色调分离的效果。

步　　骤	说明或部分截图
（1）新建合成，时长4s。 输入一行文字，右击图层，添加“效果”→“颜色校正”→“色阶（单独控件）”	
（2）在“效果控件”面板中将绿色输出白色、蓝色输出白色的值都设定为0	
（3）按组合键Ctrl+D两次复制两个图层。 在“效果控件”面板中分别将红色输出白色、蓝色输出白色的值都设定为0（绿色为255）；红色输出白色、绿色输出白色的值都设定为0（蓝色为255）。 图层混合模式：屏幕	
（4）分别选中第1、3图层，按P键展开“位置”属性，按住Alt键再单击“位置”之前的码表，写入一行表达式：wiggle(10,20－time * 5)，即频率为10，振幅为20～0。完成效果的最终制作	

任务十 黑色戏剧

一、任务导入

利用 AE CC 中的亮度/对比度、色调、梯度渐变、CC Radial Fast Blur 等特效制作另一类常见的片头动画效果。

黑色戏剧

二、任务实施

步骤	说明或部分截图
(1) 在 AE CC 中导入视频素材，基于它新建合成。添加“效果”→“颜色校正”→“色调”和“效果”→“颜色校正”→“亮度和对比度”	
(2) 导入一个泼墨动画素材，添加“效果”→“颜色校正”→“色调”，制作成灰度视频，再调整一下素材的位置及大小	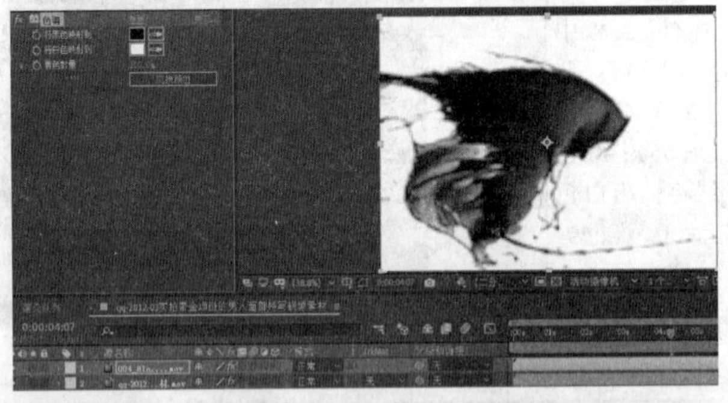
(3) 设置下方图层的“轨道遮罩”为“亮度反转遮罩……”，得到一个墨渍绽开的动画效果	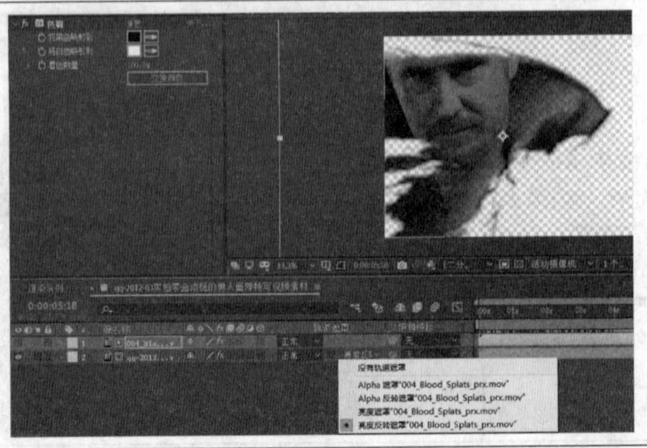

续表

步　　骤	说明或部分截图
(4) 新建一个纯色图层并置于图层的最下方。添加"效果"→"生成"→"梯度渐变"特效,设置渐变形状为"径向渐变"	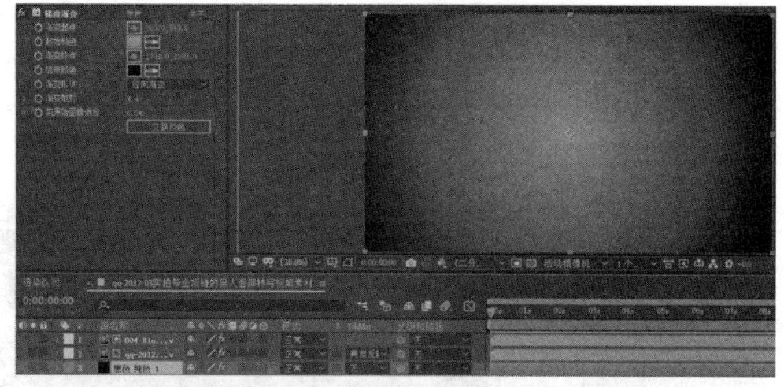
(5) 在 6s 处导入另一个泼墨动画素材,调整"伸缩"参数,使其"持续时间"更短些。再将图层的混合模式设置为"相乘"。 在 7.5s 左右再添加一个文字层作为标题	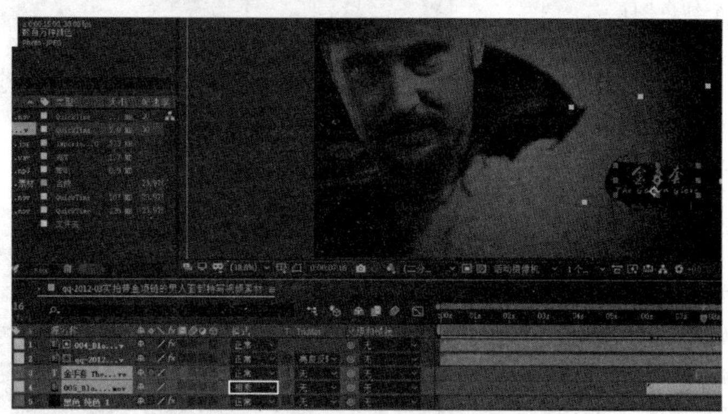
(6) 导入一个图片至图层,按 T 展开"不透明度"属性,设置其值为 30%左右。 添加"效果"→"模糊和锐化"→CC Radial Fast Blur。 在 12～13s 之间对不透明度、Amount 添加关键帧,同时添加音效文件	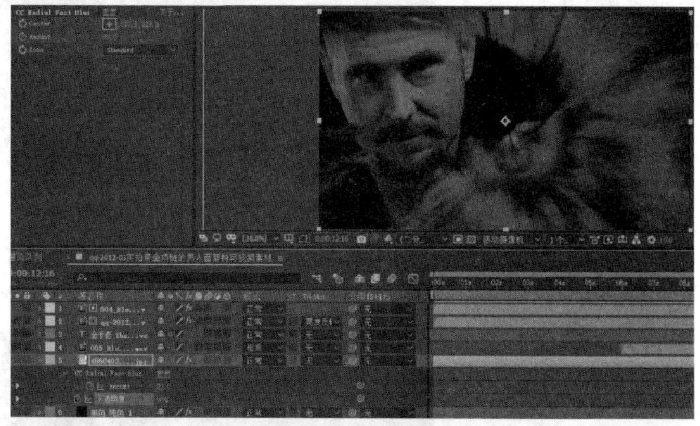
(7) 在图层上添加一个主题音频文件,按 L 键两次,展开音频波形并调整好相应的位置,完成最终的效果制作	

三、任务拓展

通过“音频频谱”特效制作一个音频动画效果。

步　骤	说明或部分截图
(1) 导入一个音频文件，依据其新建合成，再新建一个纯色图层	
(2) 选定纯色图层，添加“效果”→“生成”→“音频频谱”特效。 在“效果控件”面板中将音频层设置为“声音图层”并调整起始频率、结束频率、频段等值	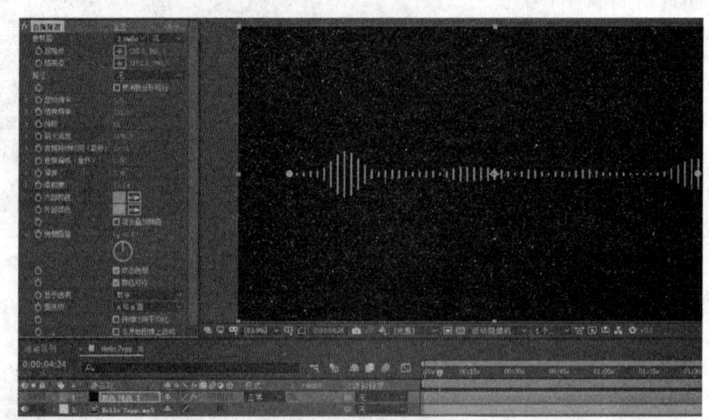
(3) 使用椭圆工具同时按住 Shift 键绘制正圆蒙版。 在“效果控件”面板中将路径设置为“蒙版1”、面选项为“B 面”，得到如图所示效果	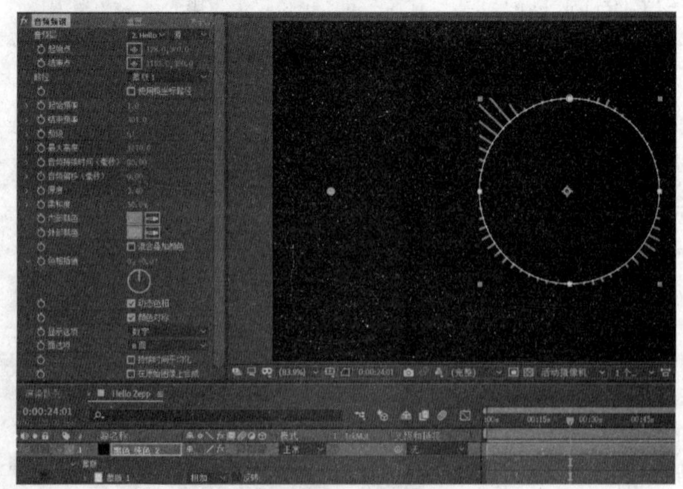

续表

步骤	说明或部分截图
(4) 添加一个文字图层,按P键展开"位置"属性,首尾各添加一个关键帧并将其全部选定。 单击"窗口"→"摇摆器",再单击"应用"按钮,完成最终的效果制作	

任务十一 动态留影

一、任务导入

利用AE CC中"时间"→"冻结帧"特效制作动态留影效果。

动态留影

二、任务实施

步骤	说明或部分截图
(1) 在AE CC中导入视频素材,基于它新建合成。按组合键Ctrl+D三次,复制三个图层	

续表

步　　骤	说明或部分截图
(2) 调整上方三个图层的入点,分别右击图层,在弹出的菜单中单击"时间"→"冻结帧"特效	
(3) 选中上方三个图层,按 T 键展开"不透明度"属性,将其值调整为 50%	
(4) 选中上方三个图层,将图层的混合模式更改为"屏幕",完成最终的效果制作	

三、任务拓展

多人重影

利用 AE CC 的图层蒙版制作分身、多人重影动画效果。

步　　骤	说明或部分截图
(1) 在AE CC中导入三个视频素材，基于其中之一新建合成。 按组合键Ctrl+D复制图层，在素材的水印处添加一个矩形选区，添加“杂色和颗粒”→“中间值”特效。 在“效果控件”面板中调整半径的值，去除素材的水印	
(2) 将第二个视频素材拖拽至图层，再使用钢笔工具建立蒙版，从而在一个画面上同时出现两个人	
(3) 按M键展开图层蒙版，调整“蒙版羽化”的值，从而使两个素材的融合更加自然	

续表

步　　骤	说明或部分截图
(4) 将第三个视频素材拖拽至图层，再使用钢笔工具建立蒙版，从而在一个画面上同时出现三个人	
(5) 按M键展开图层蒙版，调整“蒙版羽化”的值，从而使三个素材的融合更加自然。完成多人重影效果的制作	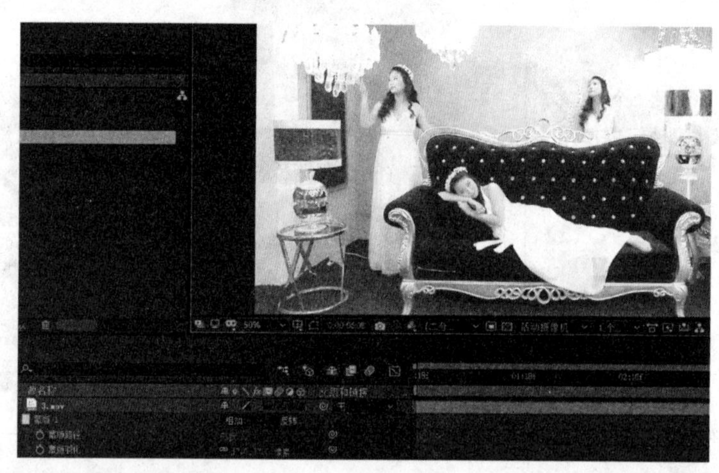

任务十二　Mercedes广告制作

一、任务导入

利用AE CC中的色调、镜头光晕、CC Radial Fast Blur等特效制作一个汽车销售广告。

Mercedes广告制作

二、任务实施

步　　骤	说明或部分截图
(1) 在 AE CC 中导入视频素材,基于它新建合成。添加"效果"→"颜色校正"→"色调"特效,将其设置成灰度	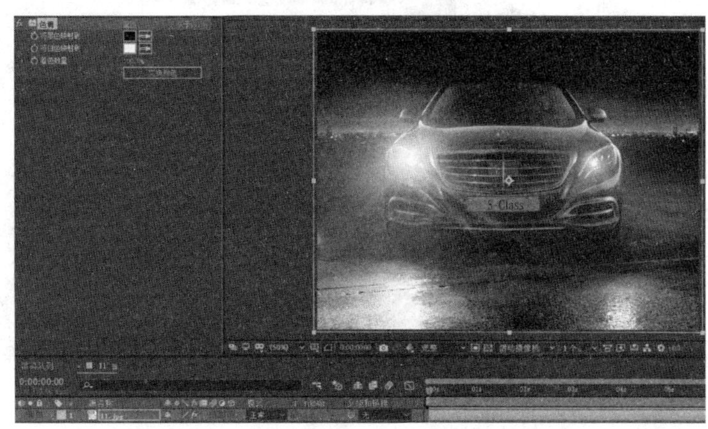
(2) 新建一个纯色图层,添加"效果"→"生成"→"镜头光晕"特效。 再添加"效果"→"颜色校正"→"色调"特效	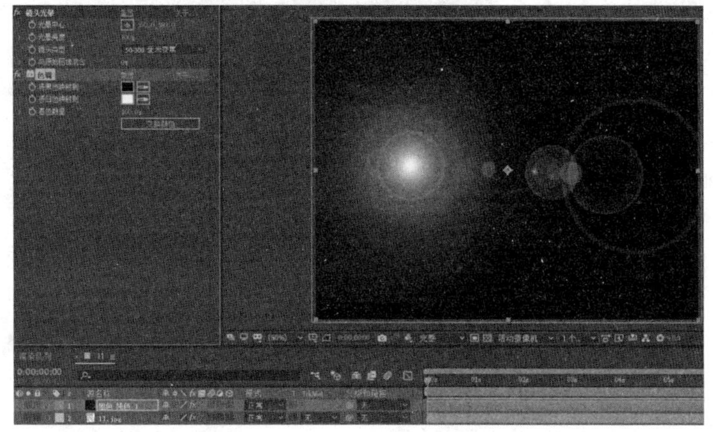
(3) 将图层的混合模式设置为"屏幕"。 在"效果控件"面板中选中"镜头光晕",按组合键Ctrl+D复制一个,并将两个镜头光晕中心的位置调整到两个车灯的中心位置	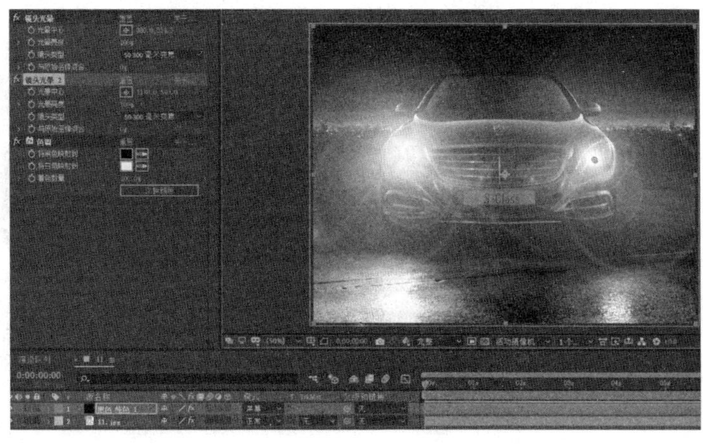

续表

步　骤	说明或部分截图
(4) 导入一个 AI 格式的 LOGO 矢量图片并将其拖拽至图层。 按组合键 Ctrl＋Shift＋C 将其进行预合成	
(5) 添加"效果"→"模糊和锐化"→CC Radial Fast Blur。 调整 Center(中心)、Amount(数量)的值,如图所示	
(6) 底层图片在0～1～3s处针对"不透明度"属性添加关键帧(0%～100%～0%)。 纯色图层在1～2s＋处针对"不透明度"属性添加关键帧,制作灯光闪烁的效果。 LOGO图层针对"不透明度"和"数量"属性打上关键帧	

续表

步 骤	说明或部分截图
(7)添加一个文字图层,按S键展开"缩放"属性,在接近4s的位置制作一段自大至小的运动动画,再打开图层"运动模糊"的总开关和分开关,完成最终的效果制作	

三、任务拓展

单点跟踪

利用AE CC的跟踪器制作文字跟随摄影机运动的效果。

步 骤	说明或部分截图
(1)在AE CC中导入视频素材,基于它新建合成	
(2)输入一行文字,设置"动画"→"不透明度";"偏移"(添加关键帧);"高级"→"随机排序(开)"的动画效果	

续表

步　　骤	说明或部分截图
（3）选定下方图层，单击“窗口”→“跟踪器”，打开相应的功能面板，单击“跟踪运动”按钮。 设置好“跟踪点 1”的位置，再单击“向后分析”按钮，得到跟踪点的运动轨迹。 最后单击“应用”按钮	
（4）将应用维度设置为“X 和 Y”，单击“确定”按钮。 返回文字图层，使用“锚点工具”，移动文字至跟踪点的上方，完成最终的效果制作	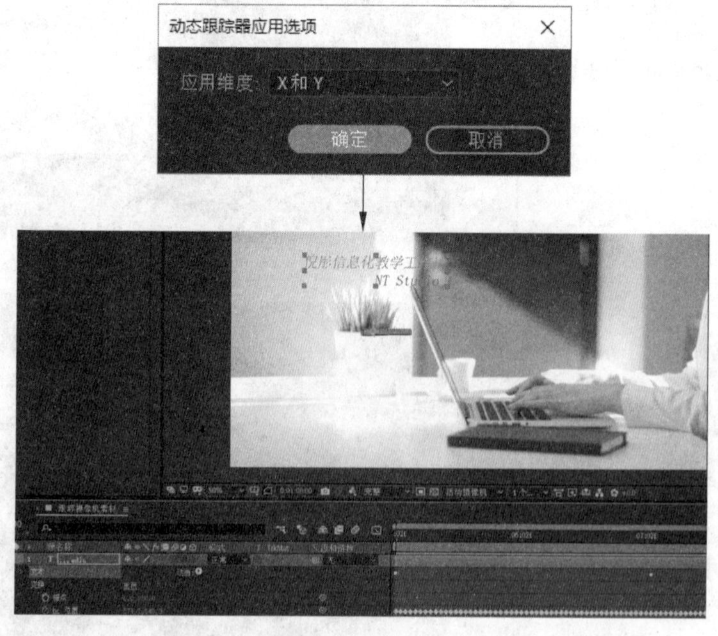

任务十三　音　乐　会

一、任务导入

利用AE CC中的色相/饱和度、线性擦除、将音频转换为关键帧、轨道蒙版、父级和链接等制作一个音乐会海报。

音乐会

二、任务实施

步　　骤	说明或部分截图
(1) 在AE CC中导入素材，基于图片新建合成。 将LED素材拖拽至图层并拼贴好，再添加一个文字图层	
(2) 将文字层与LED拼贴层选中，按组合键Ctrl＋Shift＋C进行预合成，双击预合成进入，将LED拼贴的三个图层选中，再次进行预合成，将TrkMat(轨道遮罩)设置为“Alpha遮罩…”	

续表

步 骤	说明或部分截图
(3) 选中文字预合成图层,添加“效果”→“颜色校正”→“色相/饱和度”和“亮度/对比度”特效,再按组合键 Ctrl+D 三次,对复制的图层分别放大再降低不透明度和添加“效果”→“模糊和锐化”→“快速方框模糊”特效	
(4) 选中全部的文字预合成图层,将“父级和链接”全部指向图片所在的图层	
(5) 选中图片所在的图层,按 P 键展开“位置”属性,按住 Alt 键单击之前的码表,写入一行表达式: wiggle(10,10)。 即将整个画面做频率为 10、振幅为 10 的摇摆运动	

续表

步　　骤	说明或部分截图
(6) 新建一个纯色图层,添加"效果"→"生成"→"镜头光晕"特效,镜头类型设置为100毫米定焦。 添加"效果"→"颜色校正"→"色相/饱和度",选中"彩色化"并提高"着色饱和度"	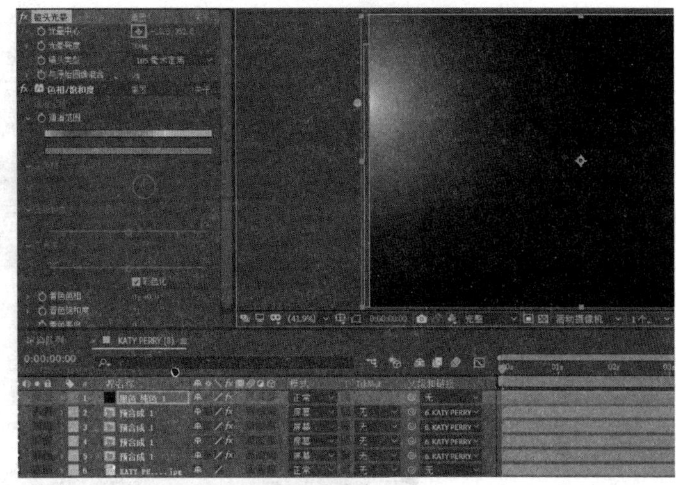
(7) 将纯色图层的混合模式设置为"屏幕"。 在图层上再添加一个主题音频文件,右击图层,选择"关键帧辅助"→"将音频转换为关键帧"命令,得到一个"音频振幅"图层	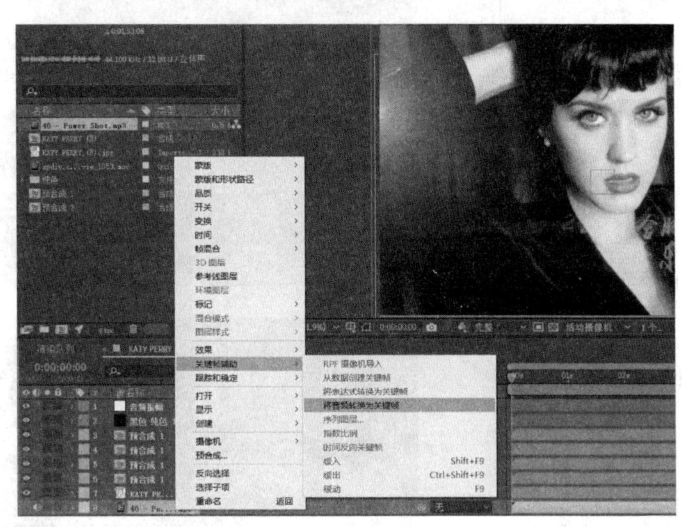
(8) 展开"音频振幅"图层,删除右声道和两个通道,仅保留左声道,准备用它来控制"镜头光晕"的强度	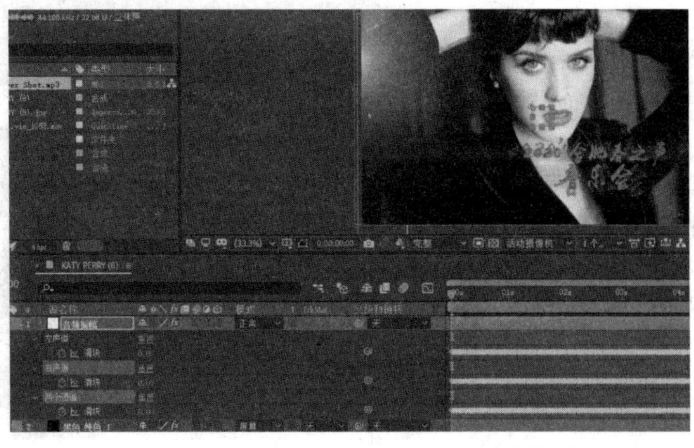

续表

步　骤	说明或部分截图
(9) 展开纯色图层的"效果"→"镜头光晕"→"光晕亮度",将其绑定到音频振幅图层左声道的"滑块"。将"光晕亮度"表达式的值乘3,即: thisComp. layer("音频振幅"). effect("左声道")("滑块") * 3	
(10) 在"效果控件"面板按组合键Ctrl+D,复制"镜头光晕"特效,并将"光晕中心"移到右侧,得到如图所示的结果	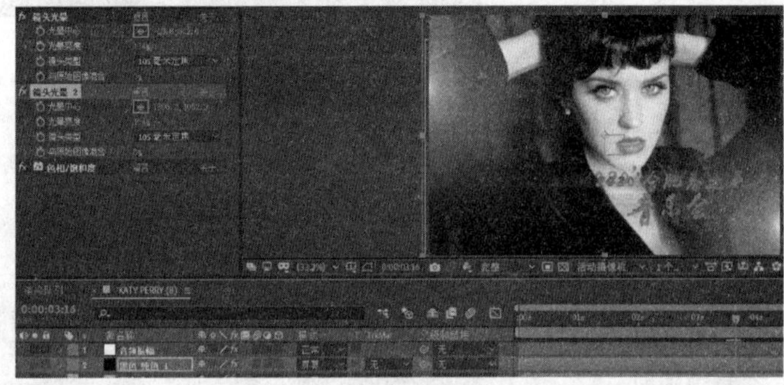
(11) 对"预合成"图层添加"颜色校正"→"色相/饱和度"特效,并单击"通道范围"之前的码表,调整"主色相"的值,制作关键帧动画。选中全部图层,按组合键Ctrl+Shift+C,进行预合成	
(12) 最后在"预合成"图层添加两个"过渡"→"线性擦除"特效,调整"擦除角度"。在0～1s单击"过渡完成"之前的码表制作对开门状的关键帧动画,完成音乐会海报的制作	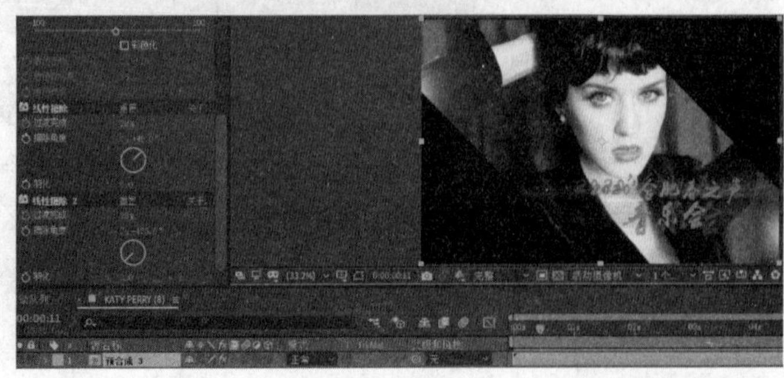

三、任务拓展

多点跟踪

利用 AE CC 的透视边角定位、高级溢出抑制器、摄像机镜头模糊等特效进行多点跟踪,制作替换显示器画面动画。

步　　骤	说明或部分截图
(1) 导入视频素材并依据其创建一个新的合成	
(2) 新建一个纯色图层。 选定下方视频素材,单击“跟踪器”→“跟踪运动”按钮,“跟踪类型”选定“透视边角定位”。 将四个跟踪点精确定位到显示器的四个角	
(3) 单击“向前分析”按钮,再单击“应用”按钮,纯色图层将缩放至显示器屏幕并产生同步运动	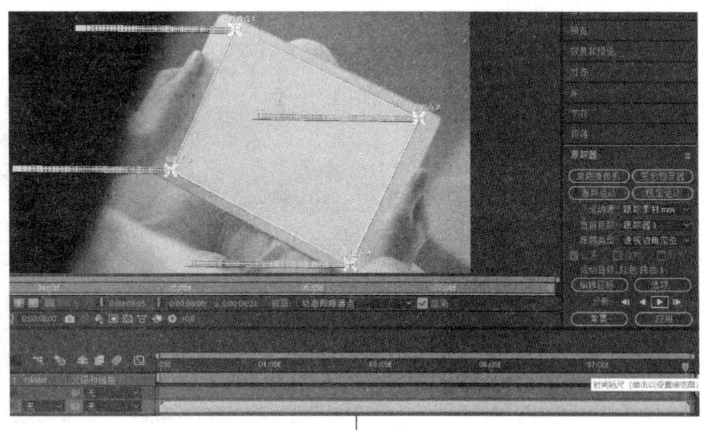

续表

步　　骤	说明或部分截图
	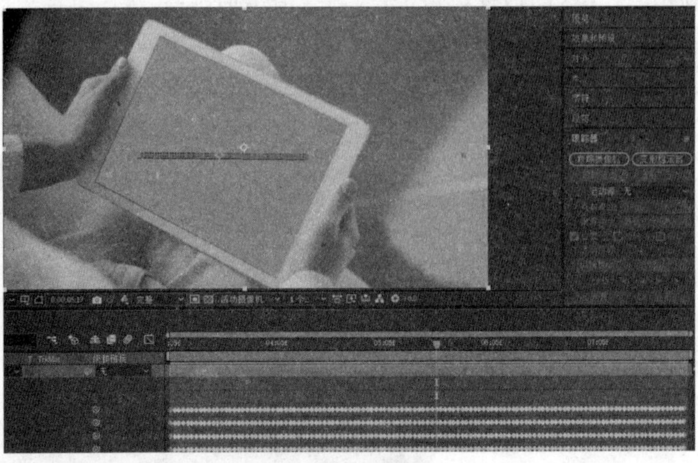
（4）选定下方图层，添加"抠像"→"高级溢出抑制器"，去除视频素材的绿边	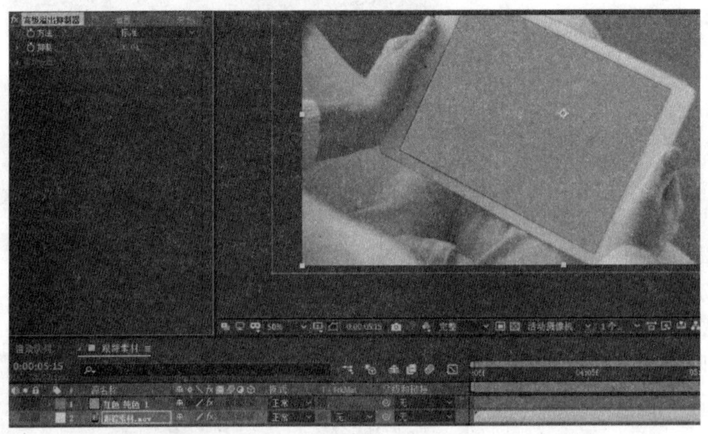
（5）选定上方纯色图层，按组合键 Ctrl＋Shift＋C，在打开的"预合成"对话框中选定第一项"保留'跟踪素材'中的所有属性"	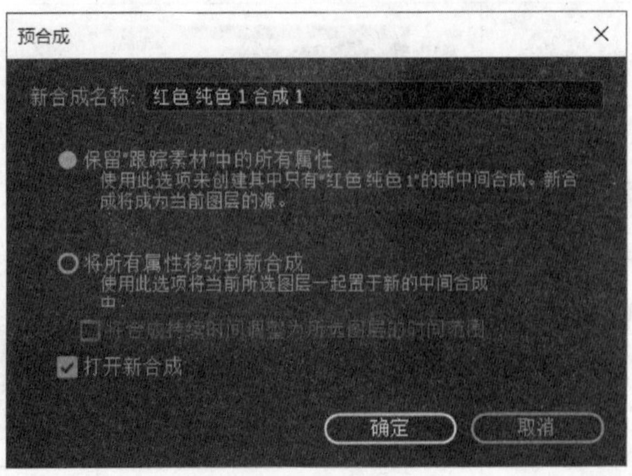

续表

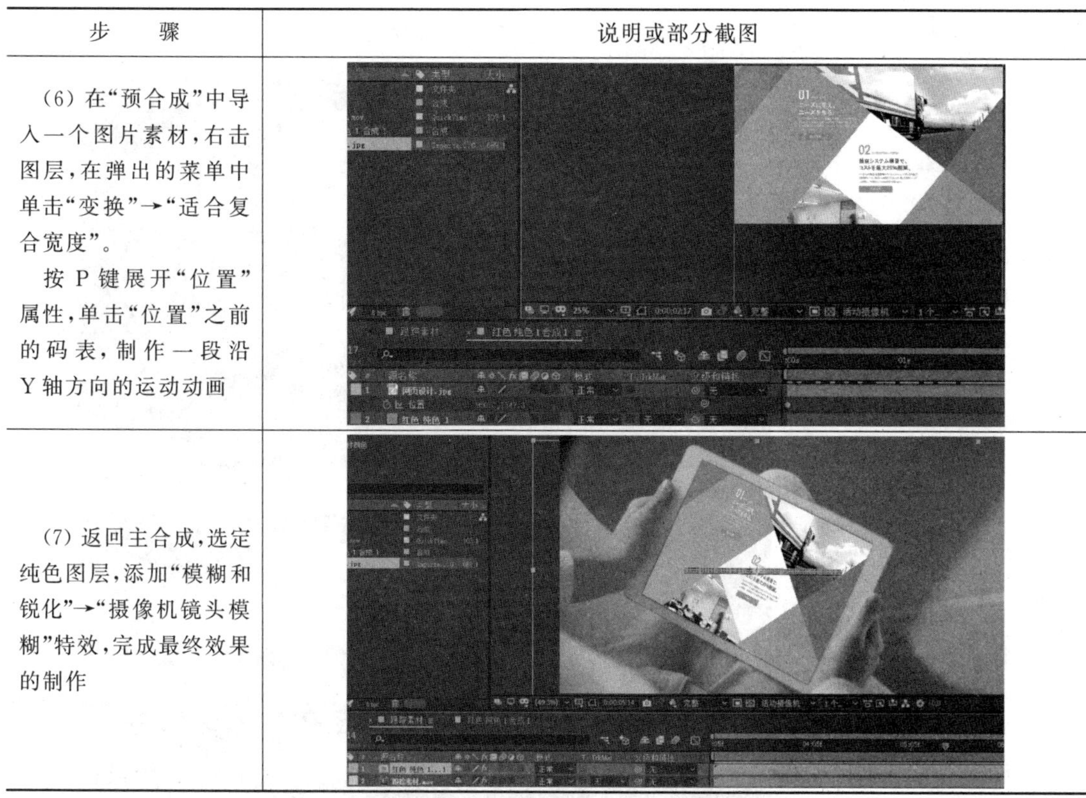

步　骤	说明或部分截图
(6) 在“预合成”中导入一个图片素材,右击图层,在弹出的菜单中单击“变换”→“适合复合宽度”。 按 P 键展开“位置”属性,单击“位置”之前的码表,制作一段沿 Y 轴方向的运动动画	
(7) 返回主合成,选定纯色图层,添加“模糊和锐化”→“摄像机镜头模糊”特效,完成最终效果的制作	

任务十四　变格动画

一、任务导入

利用 AE CC 中的时间重映射制作在影视剧中常见的、极具视觉冲击力的变格动画效果。

变格动画

二、任务实施

步　骤	说明或部分截图
(1) 导入一个视频素材,依据其创建一个新的合成。 右击图层,在弹出的菜单中选择“时间”→“启用时间重映射”特效	

续表

步　　骤	说明或部分截图
（2）在 10f、60f 的位置上再添加两个关键帧	
（3）将 60f 处的关键帧移动到 20f，从而将视频素材的播放分成“常速—快速—慢速”三段	
（4）单击图层上的“帧混合”总开关和分开关，得到类似于运动模糊、快速模糊的视觉冲击效果	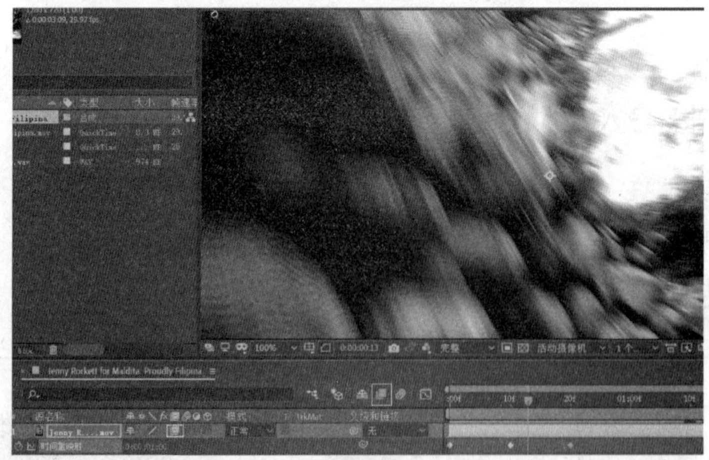

三、任务拓展

利用闪光特效和跟踪运动制作风驰电掣的赛车动画效果。

闪光赛车

步　　骤	说明或部分截图
(1) 导入一个赛车视频素材，依据其新建合成。 将当前时间指示器移至末尾，这样便于跟踪器对汽车车灯的跟踪	
(2) 右击图层，添加“效果”→“过时”→“闪光”特效。“闪光”特效有一个起始点和结束点	
(3) 打开“跟踪器”面板，单击“跟踪运动”按钮，默认的运动目标：闪光/起始点。 单击“向前分析”按钮得到汽车左车灯的运动轨迹，再单击“应用”按钮	

续表

<table>
<tr><th>步　　骤</th><th>说明或部分截图</th></tr>
<tr><td>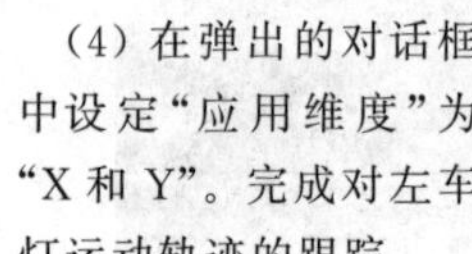
（4）在弹出的对话框中设定“应用维度”为“X 和 Y”。完成对左车灯运动轨迹的跟踪</td><td>
</td></tr>
<tr><td>（5）用同样的方法，只要将“运动目标”设置成“闪光/结束点”，即可完成对右车灯运动轨迹的跟踪</td><td>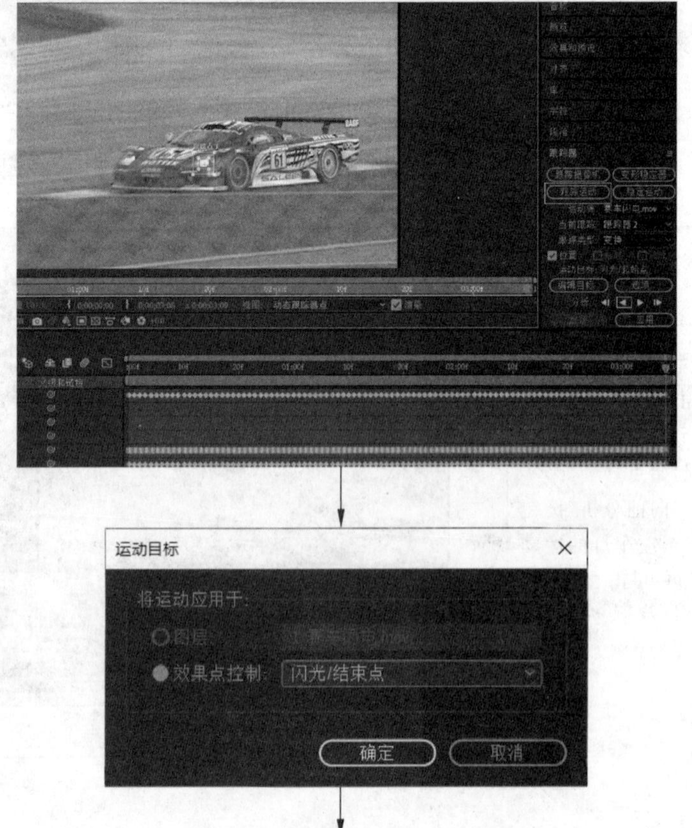
</td></tr>
</table>

续表

步　　骤	说明或部分截图
	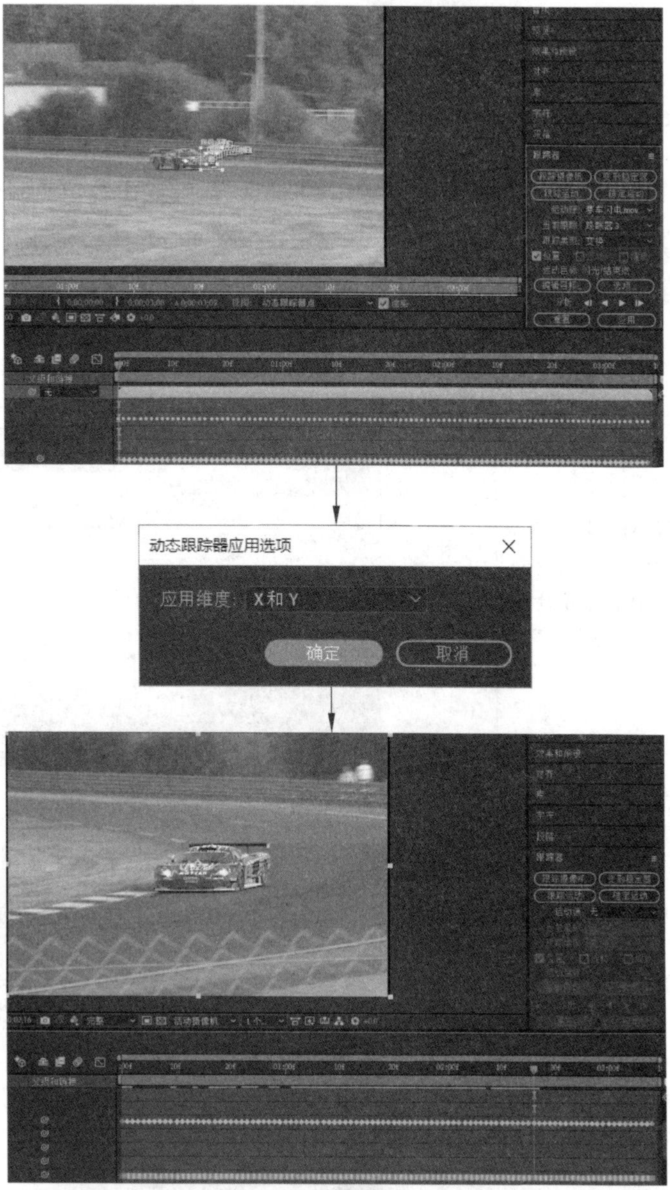 动态跟踪器应用选项 应用维度：X和Y 确定　取消
(6) 在“效果控件”面板中可对闪电的振幅、宽度等进行设置，完成最终效果的制作	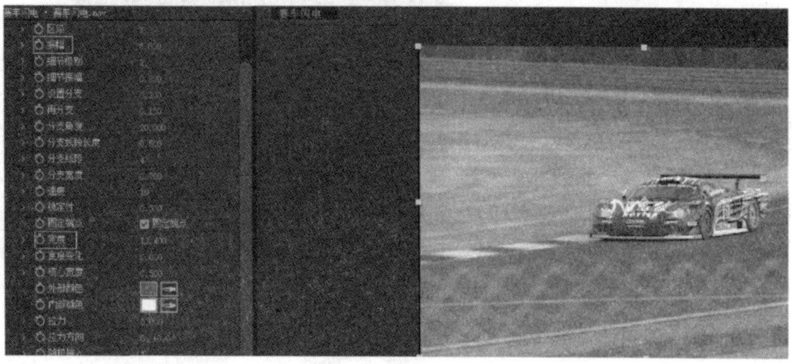

任务十五　重建场景

一、任务导入

利用 AE CC 中的导出静态帧、运动模糊、蒙版抠像等功能制作影视剧中常见的重建场景转场效果。

重建场景

二、任务实施

步　　骤	说明或部分截图
（1）在 AE CC 中导入视频素材，并基于它新建合成。选择菜单命令“合成”→“帧另存为”→“文件”	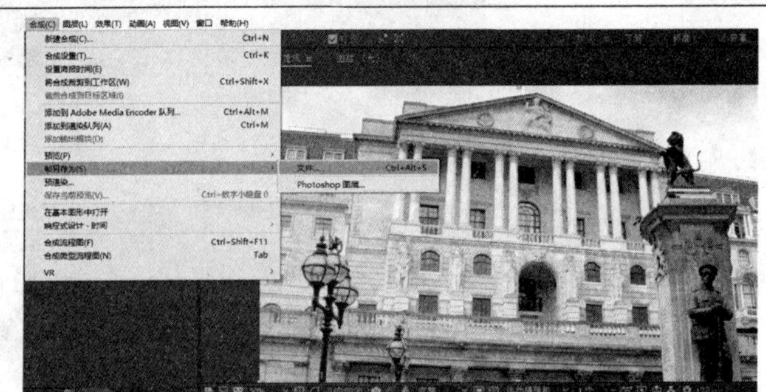
（2）在当前渲染中，将“输出模块”设置为“自定义：‘JPEG’序列”，即将当前帧输出到指定位置并形成一个 JPG 图片	
（3）导入上面的 JPG 图片，并将其拖拽至图层，按组合键 Ctrl＋D 复制三次，分别命名为灯、柱、楼、天，准备蒙版抠像	

续表

步　　骤	说明或部分截图
（4）使用钢笔工具对选定的图层进行抠像，分别得到灯、柱、楼、天空四个独立的图层对象	
（5）对四个图层对象统一制作运动动画，其中灯、柱、楼均是自上而下运动，天空则是相反的运动。 打开“运动模糊”总开关，四个图层均打开“运动模糊”分开关	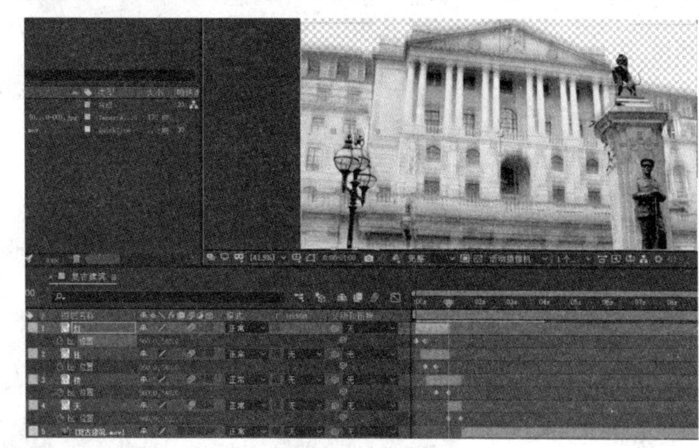
（6）按照灯、柱、楼、天的顺序，各图层动画依次缩进3帧。 视频素材与天空图层的尾部对齐，完成最终效果的制作	

三、任务拓展

二维跟踪

利用P、R二维度的跟踪制作游戏《武林外传》的片头片段。

步　　骤	说明或部分截图
(1) 在AE CC中导入视频素材,并基于它新建合成。 导入一个用Photoshop制作好的文字图片,并将其拖拽至图层。 单击"窗口"→"跟踪器"功能面板	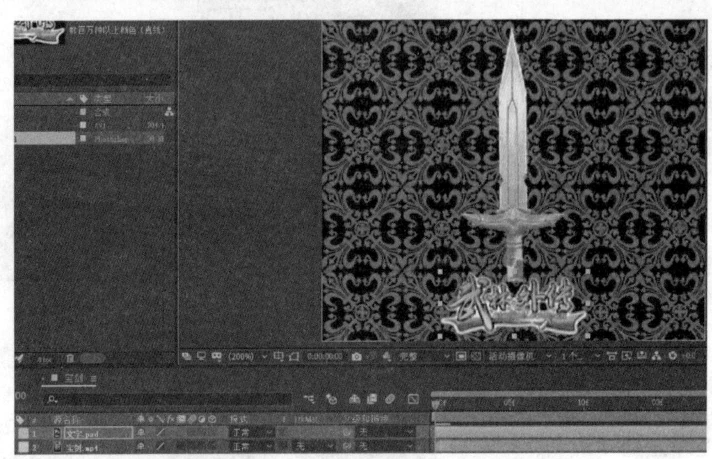
(2) 选中下方的视频素材层,单击"跟踪器"面板上的"跟踪运动"按钮,选中"位置""旋转"项,出现两个跟踪点。 调整好两个跟踪点的位置,单击"向后分析"按钮,得到两个跟踪点的运动轨迹,再单击"应用"按钮	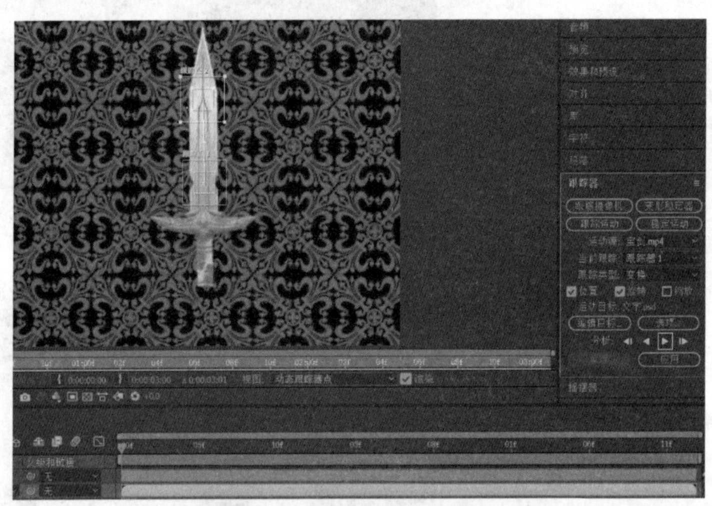
(3) 在弹出的对话框中,设置应用维度"X和Y",再单击"确定"按钮	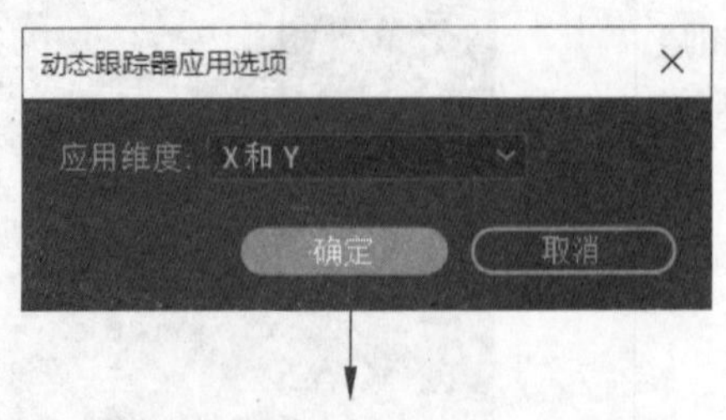

续表

步　　骤	说明或部分截图

(4) 选定文字图层P、R两个属性上的全部关键帧,再将文字顺时针旋转90°。 按A键展开"锚点"属性,将文字移动至剑柄的下方,完成最终效果的制作	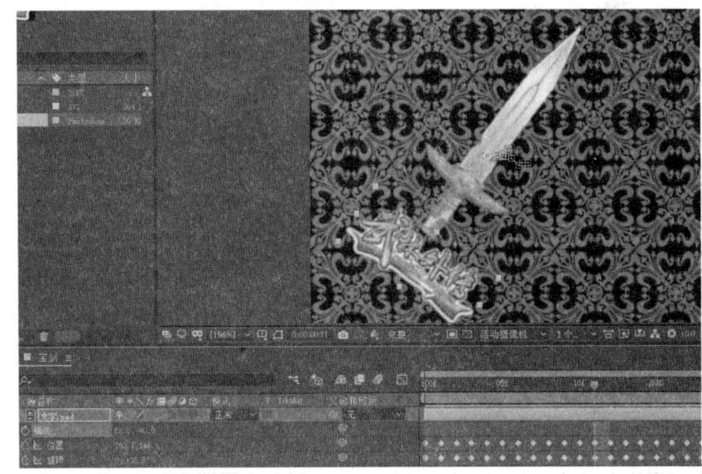

项目四

AE 抠像

任务一 蓝/绿屏抠像

一、任务导入

“抠像”的英文称作 Key，意思是吸取画面中的某一种颜色作为透明色，将它从画面中抠去，从而使背景透出来，形成二层画面的叠加合成。利用“抠像”可以将室内拍摄的视频或图片与各种景物叠加在一起，产生神奇的艺术效果。

蓝/绿屏抠像

二、任务实施

步　骤	说明或部分截图
(1) 在 AE CC 中导入图片和视频素材，依据图片素材创建合成。 将视频素材拖拽至图层	

续表

步　骤	说明或部分截图
(2) 双击视频素材，打开相应的窗口，设置入点和出点后，单击“叠加编辑”按钮	
(3) 在视频素材所在的图层，添加 Keylight 特效。 在 Screen Colour 选项中使用“吸管”工具在绿屏上单击，完成初步抠像	
(4) 在“效果控件”面板将 View 选项设置为 Screen Matte，再进一步设置如下。 Clip Black/White：44 左右。 Screen Shrink/G：-0.8 左右。 完成精细抠像	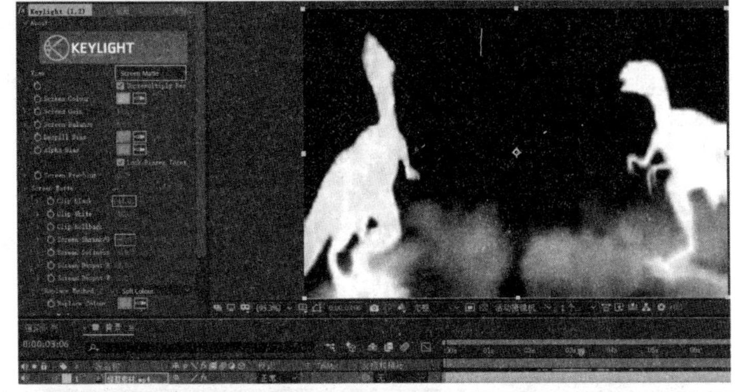
(5) 在“效果控件”面板中将 View 选项设置为 Final Result，看到最终的抠像效果	

续表

步骤	说明或部分截图
(6) 新建一个调整图层,添加"颜色校正"→"Lumetri 颜色"特效,调整"基本校正"→"色温"项参数,从而使下层图片和上层视频的整体风格更趋一致	

三、任务拓展

屏幕平衡

步骤	说明或部分截图
(1) 在 AE CC 中导入图片和视频素材,依据图片素材创建合成。 将视频素材拖拽至图层	
(2) 在视频素材所在的图层添加 Keylight 特效。 在 Screen Colour 选项中使用"吸管"在绿屏上单击,完成初步抠像。 (注意:衣服的颜色有些失真)	

续表

步　　骤	说明或部分截图
（3）在“效果控件”面板中调整 Screen Balance 选项的值，使衣服的颜色趋于原图，完成精细抠像	

任务二　亮度抠像

一、任务导入

亮度抠像

在早期的 AE 中抠取画面的亮度区域采用的是“抠像”→“亮度键”特效，在 AE CC 2018 版之后功能有了进一步的加强，亮度键放到了“过时”预设项目中，现在亮度抠像通常采用“抠像”→“提取”特效。

二、任务实施

步　　骤	说明或部分截图
（1）在 AE CC 中导入素材，依据风景图片素材创建合成。 将书法文字素材拖拽至图层	

续表

步　　骤	说明或部分截图
(2) 选中书法文字图层，添加“抠像”→“提取”特效。调整“白场”参数，完成亮度区域抠像	

三、任务拓展

亮度蒙版

利用亮度蒙版可抠取更加复杂的图像区域。

步　　骤	说明或部分截图
(1) 在 AE CC 中导入素材，依据天空图片素材创建合成。 再将园林图片拖拽至天空图层之上	
(2) 按组合键 Ctrl＋D复制图层，添加“风格化”→“阈值”特效。 在“特效控件”面板调整“级别”参数的值，如图所示	

续表

步　　骤	说明或部分截图
（3）选中下方的“园林”图层，在TrkMat（轨道遮罩）项选择“亮度反转遮罩…”，从而抠出“园林”图片的天空	
（4）将“天空”图片向上移动至底端接近桥面。 按组合键Ctrl＋D再次复制“园林”图层并将其拖拽至最下方，填充水面和桥面的抠像“失真”部分。 新建一个调整图层，添加“颜色校正”→“Lumetri颜色”特效，调整“基本校正”→“色温”“对比度”等参数，使合成的整体风格更趋一致，完成制作	

任务三　半透明抠像

一、任务导入

相对于蓝幕/绿幕抠像，半透明区域抠像的难度更大，通常采用“颜色范围”特效进行抠像。

半透明抠像

二、任务实施

步　骤	说明或部分截图
(1) 在 AE CC 中导入素材，依据风景图片素材创建合成。 将人物图片拖拽至风景图层之上	
(2) 选中人物图层，添加“抠像”→“颜色范围”特效。 使用“吸管”工具在人物的背景上多次吸取要去除的颜色。调整“模糊”项的值，使人和背景初步分离	
(3) 继续添加“遮罩”→“遮罩阻塞工具”，调整“几何柔和度 1”等参数，从而使边缘处理更细腻	

续表

步　骤	说明或部分截图
（4）添加“颜色校正”→“曲线”特效，使上、下图层的融合更加自然	

三、任务拓展

火焰抠像

利用色调、曲线特效和轨道遮罩（TrkMat）制作火焰抠像效果。

步　骤	说明或部分截图
（1）在AE CC中导入视频素材，并依据其创建合成	
（2）按组合键Ctrl+D复制图层，添加“颜色校正”→“色调”“曲线”特效，调整参数，如图所示	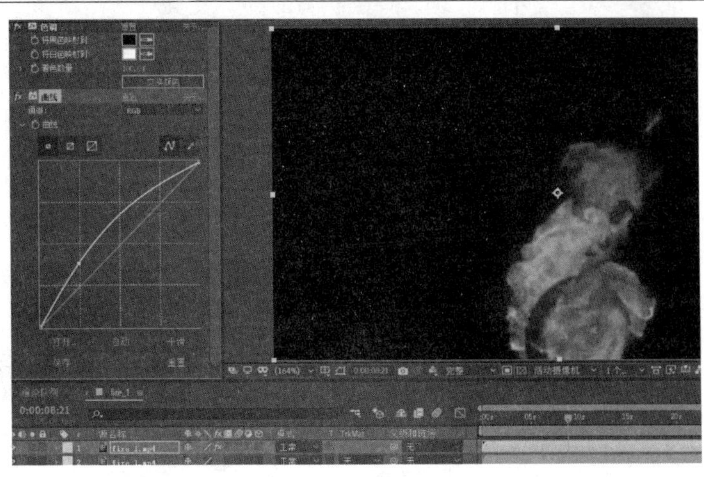

续表

步　骤	说明或部分截图
(3) 单击 TrkMat(轨道遮罩)项的下拉箭头,选择“亮度遮罩…”项,完成火焰抠像	
(4) 选定两个图层,进行“预合成”,添加“亮度/对比度”特效并调整相应的参数。 再新建一个纯色图层并置于底层,完成最终的效果制作	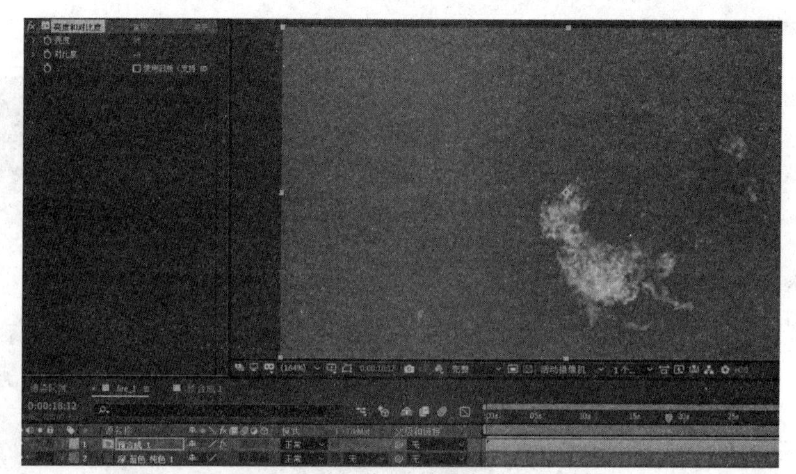

任务四　毛发抠像

一、任务导入

毛发抠像是 AE CC 中难度最大的抠像操作,主要是通过颜色键、内部/外部键等配合完成。

毛发抠像

二、任务实施

步　　骤	说明或部分截图
(1) 在 AE CC 中导入视频和图片素材，依据视频素材创建合成。 将人物图片拖拽至视频素材图层之上	
(2) 添加"过时"→"颜色键"特效，调整"颜色容差"项的值，完成初步抠像	
(3) 保持图片图层选定，使用"钢笔工具"绘制包围人形的内、外双路径，路径设置为"相加"或"无"均可。 注：内、外路径之间应包括待精确抠像的头发	
(4) 添加"抠像"→"内部/外部键"特效，完成头发的精确抠像效果	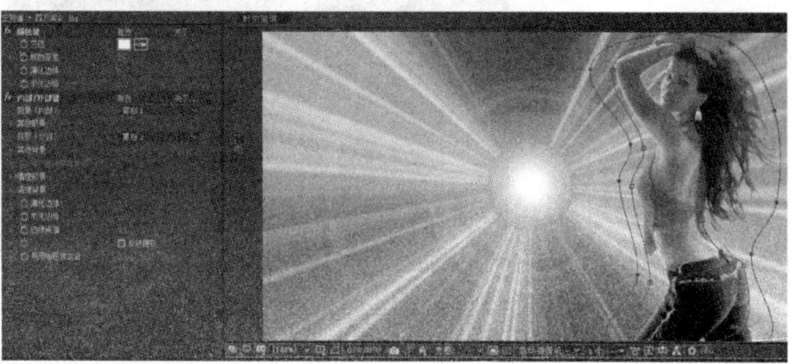

三、任务拓展

复杂背景抠像

使用 AE CC 的内部/外部键实现对象的精确选取。

步　　骤	说明或部分截图
(1) 导入一个图片素材,依据其创建合成	
(2) 使用“钢笔工具”建立如图所示蒙版	
(3) 添加“抠像”→“内部/外部键”特效,用“钢笔工具”调整路径上的节点,完成荷花的精确抠像	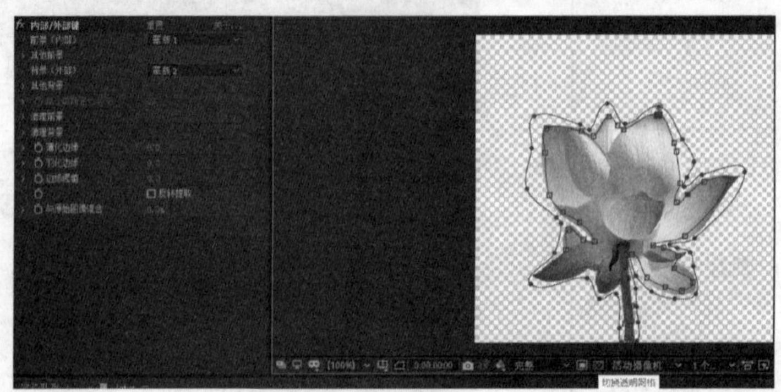

任务五　替换背景

一、任务导入

使用AE CC的边角定位、曲线、颜色范围、颜色链接等特效，使电视机背景、人物随电视播放画面的变化而变化。

替换背景

二、任务实施

步　　骤	说明或部分截图
(1) 在AE CC中导入图片和视频素材，依据电视图片创建合成。 选定图层，使用“钢笔工具”根据电视屏幕的角度绘制四边形蒙版并“反转”	
(2) 将视频素材拖拽至图层，添加“扭曲”→“边角定位”特效，使视频素材正好贴合电视屏幕	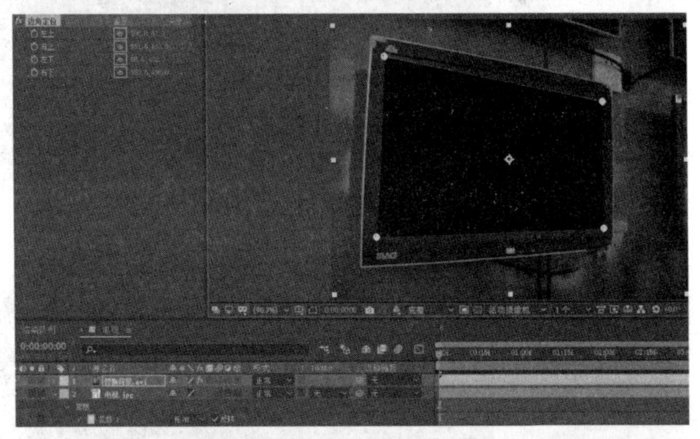
(3) 选中电视图层，添加“颜色校正”→“颜色链接”特效，设置参数如下。 源图层：视频素材。 示例：最亮值。 混合模式：相乘	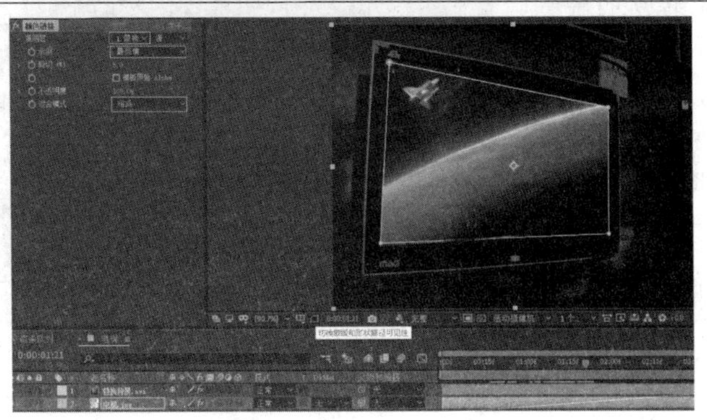

续表

步　骤	说明或部分截图
（4）拖拽人物图片素材至图层，添加“颜色校正”→“曲线”特效并绘制曲线，如图所示	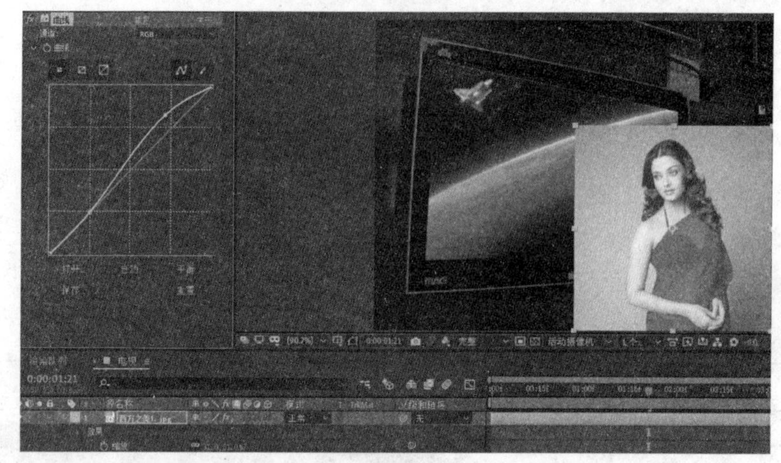
（5）添加“抠像”→“颜色范围”特效，对人物图片进行“去背”处理	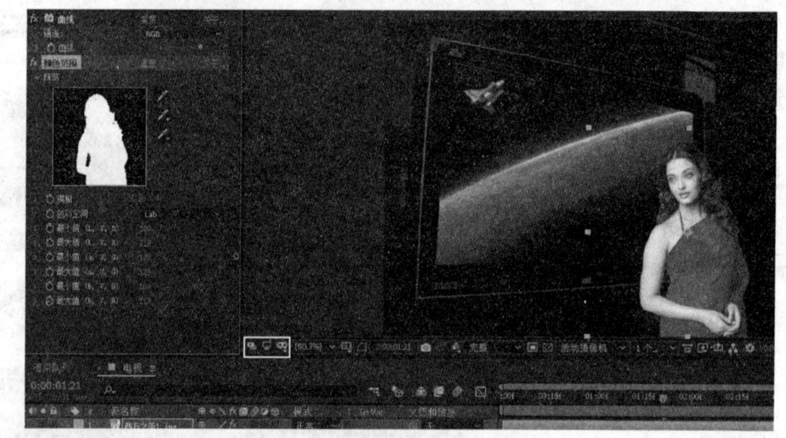
（6）保持人物图层选定，添加“颜色校正”→“颜色链接”特效，设置参数如下。 源图层：视频素材。 示例：最亮值。 混合模式：相乘。 完成最终效果的制作	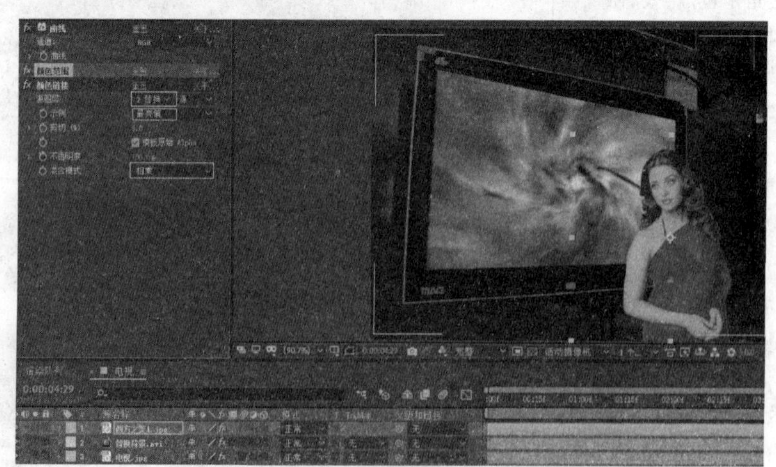

三、任务拓展

自动追踪抠像

在有些键控(Key)抠像不太理想的场合,可以尝试通过 AE CC 的“自动追踪”功能进行抠像处理。

步　　骤	说明或部分截图
(1) 在 AE CC 中导入两张素材图片,依据其中的一张图片新建合成	
(2) 单击“图层”→“自动跟踪”,打开相应的对话框,在其中设置具体参数如下。 时间跨度:当前帧。 通道:蓝色、反转。 容差等如图所示。 选中“应用到新图层”	

续表

步　　骤	说明或部分截图
(3) 自动追踪之后的效果是形成一个新的矢量图层。可使用“钢笔工具”对矢量路径做适当调整	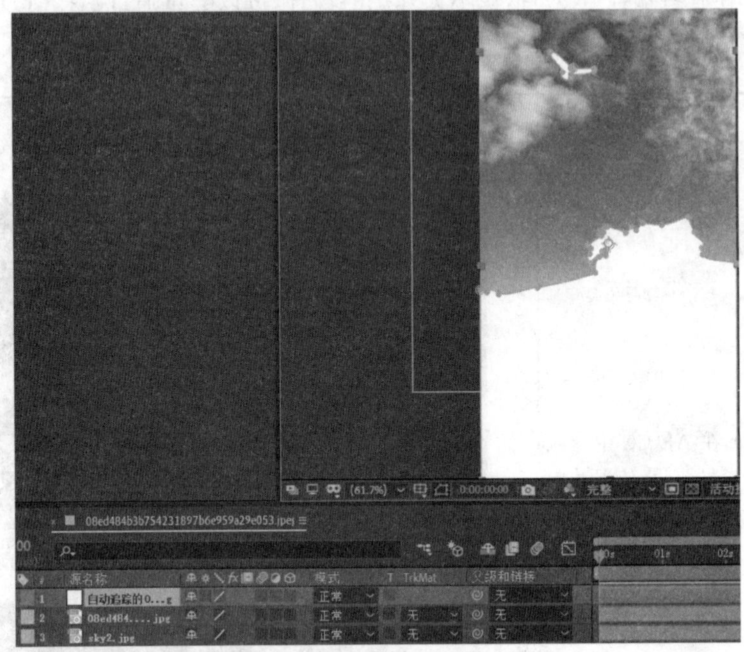
(4) 选中中间的图层，在TrkMat(轨道遮罩)选项中选中“亮度遮罩…”，完成天空抠像效果的制作	

项目五

AE表达式

任务一　闪烁的彩灯

一、任务导入

闪烁的彩灯

表达式是 AE CC 高级动画制作的命令(语句),表达式的优先级高于关键帧属性的设定。表达式的输入是按住 Alt 键单击“码表”图标,且只能在英文的半角输入模式下完成。

二、任务实施

步　　骤	说明或部分截图
(1) 在 AE CC 导入一张灯的图片并依据其新建合成。 添加“颜色校正”→“曲线”特效,将图片调节得更亮一些	

续表

步　　骤	说明或部分截图
(2) 新建纯色图层，再使用“椭圆工具”绘制圆形蒙版。 调整“蒙版羽化”的值，并将图层混合模式设置为“叠加”	
(3) 按住 Alt 键单击“不透明度”属性之前的码表，开启表达式的输入。 输入一行抖动命令： wiggle(20,50) 黄灯开始闪烁。 注：wiggle 命令后面第一个参数是频率，第二个参数是振幅	
(4) 按组合键 Ctrl+D 两次，复制两个纯色图层，调整椭圆蒙版的位置，使其覆盖另外两盏灯。按组合键 Ctrl + Shift + Y 调出“纯色设置”对话框，更改颜色，从而完成另外两盏闪烁的彩灯制作	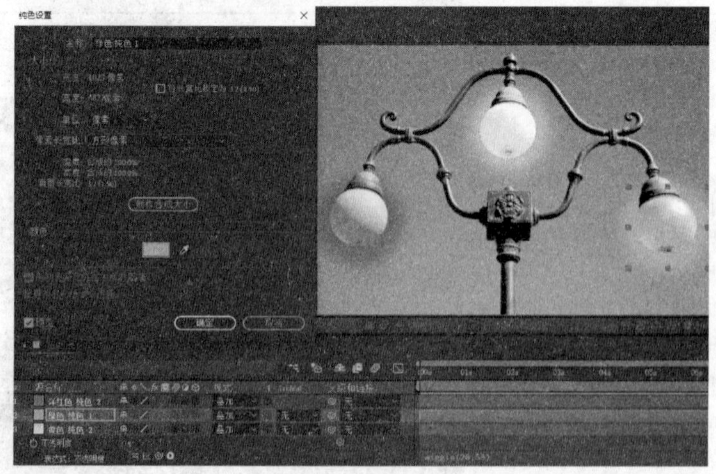

三、任务拓展

AE CC 轴定向表达式一般格式：[表达式[0],表达式[1],表达式[2]],它通常用于对对象的X、Y、Z三个维度中的某一个进行单独控制。

轴向表达式

步　骤	说明或部分截图
(1) 在 AE CC 中使用“矩形工具”绘制一个形状图层。 使用“锚点”工具将中心点移至矩形下方。 按住 Alt 键单击“缩放”属性之前的码表,写入表达式： [30,wiggle(10,20)[1]] 即：X 轴方向缩放不变,轴定向在 Y 轴方向摇摆	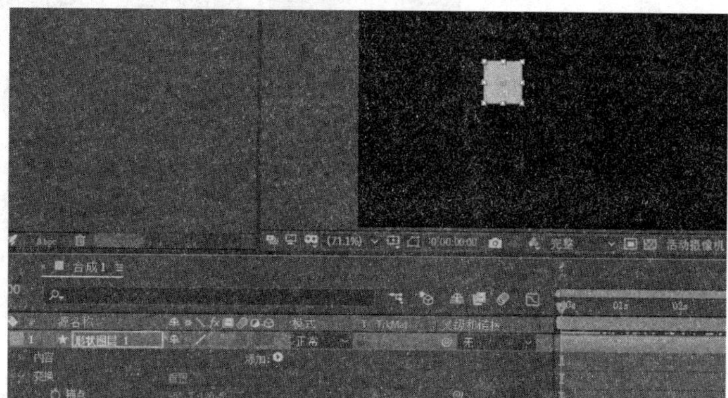
(2) 按组合键 Ctrl+D 四次,复制四个图层,全部选中后进行对齐与分布操作。完成音频播放指示器动画效果的制作	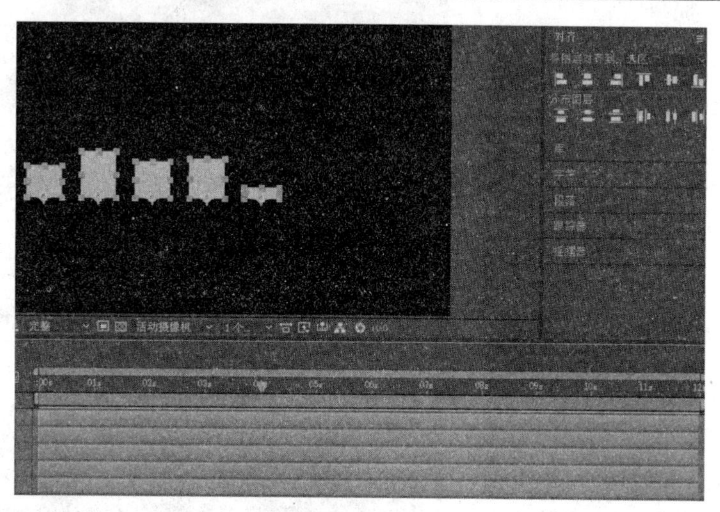

任务二　水　晶　球

一、任务导入

水晶球

利用 AE CC“扭曲-CC Lens”特效和表达式制作梦幻水晶球动画效果。

二、任务实施

步　骤	说明或部分截图
(1) 在 AE CC 中导入两张图片，依据水晶球图片创建合成	
(2) 调整星空图片的位置及大小，按组合键 Ctrl＋Shift＋C 进行预合成	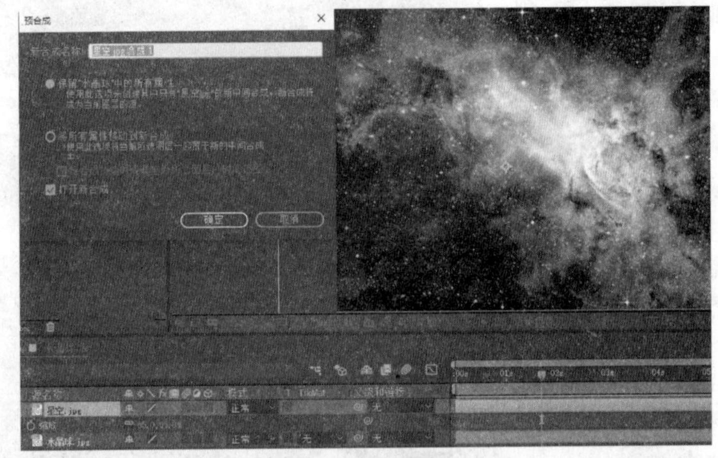
(3) 在预合成中，按住 Alt 键单击“位置”属性之前的码表，输入表达式： wiggle(1,15) 按住 Alt 键单击“旋转”属性之前的码表，输入表达式： wiggle(1,150)	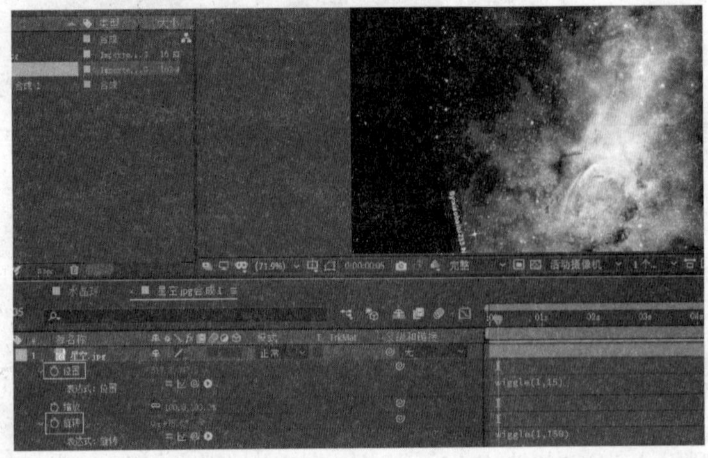

续表

步　骤	说明或部分截图
(4) 返回水晶球合成，添加“扭曲”→CC Lens特效，调整Center和Size参数的值，完成水晶球动画效果的制作	

三、任务拓展

使用AE CC表达式制作一个万花筒动画。

万花筒

步　骤	说明或部分截图
(1) 在AE CC中导入图片，依据其创建合成	
(2) 添加“风格化”→CC Kaleida特效，再将Mirroring(镜像)项设置为Starlish	

续表

步　　骤	说明或部分截图
(3) 按住 Alt 键单击 Rotation(旋转)属性之前的码表,输入表达式: time * 60 完成万花筒动画效果的制作	

任务三　自　复　制

一、任务导入

自复制

AE CC 的图层编号 index 可以作为表达式的数值来使用,下面我们制作一个矢量图形的自复制动画效果。

二、任务实施

步　　骤	说明或部分截图
(1) 在 AE CC 中新建合成,再新建一个纯色图层并保持选定。 使用"钢笔工具"绘制形状蒙版。按组合键 Ctrl+D 复制蒙版,调整参数如图所示	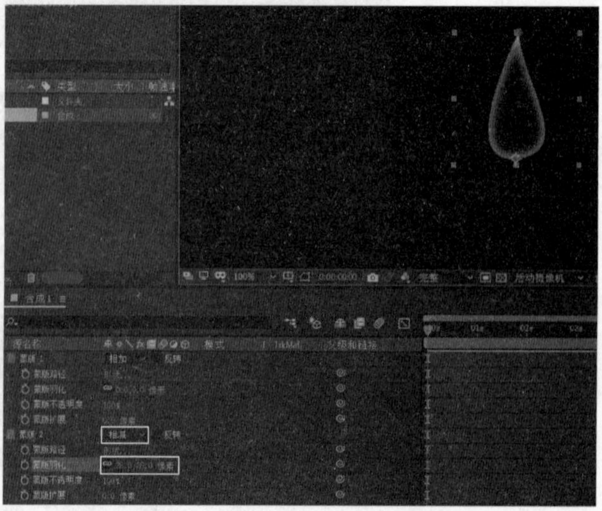

续表

步　　骤	说明或部分截图
（2）新建一个“空对象”图层，添加“表达式控制”→“滑块控制”特效，准备使用“滑块”的值来控制对象的旋转	
（3）单击“滑块”属性之前的码表，在 1～3s 处各添加一个关键帧，设置其值为 0～45	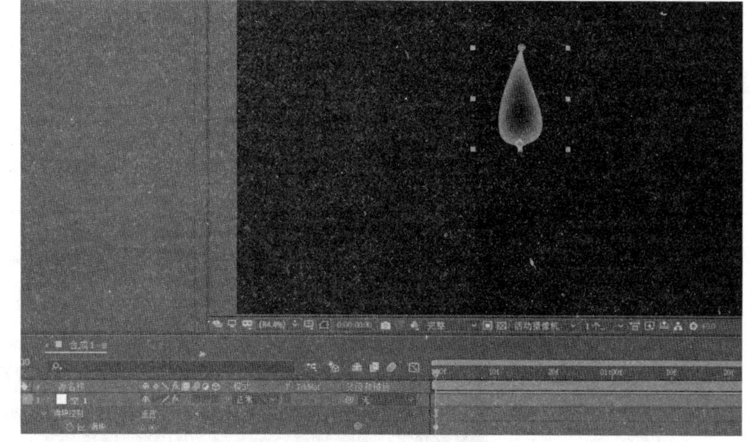
（4）选定纯色图层，按住 Alt 键单击“旋转”属性之前的码表，输入命令： n = thisComp. layer("空 1"). effect("滑块控制")("滑块")； index * n 注：n 值用绑定“滑块”的方式取得	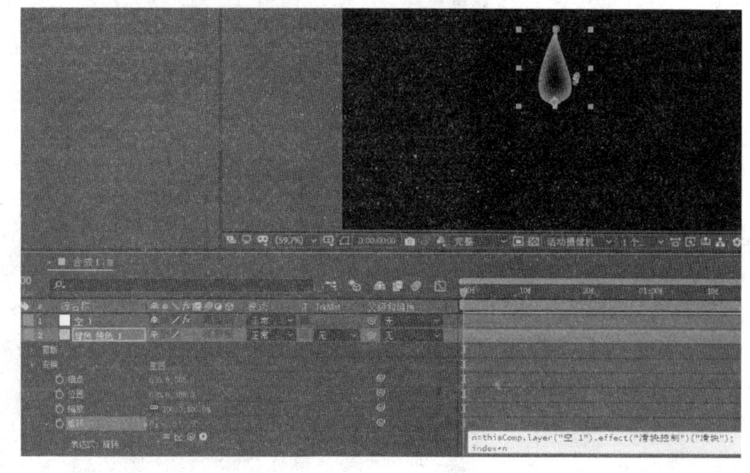

续表

步　　骤	说明或部分截图
（5）按组合键 Ctrl＋D 七次，正好组成 8 个纯色图层（8＊45＝360）。 完成矢量图层的自复制动画制作	

三、任务拓展

汽车行驶

在 AE CC 中，通过表达式的关联可设置对象的整体、协调运动效果。

步　　骤	说明或部分截图
（1）在 AE CC 中导入背景、车身、车轮三个图片素材，依据背景新建合成	
（2）选中车身图层，按 P 键展开“位置”属性，再单击其前的码表，制作“前进—停止—回退—加速前进”四段运动动画。 将车轮图层的父级绑定到车身图层	

续表

步　　骤	说明或部分截图
（3）选定车轮所在的图层，按 R 键展开“旋转”属性，使用“橡皮筋”将其指向汽车车身所在图层的“位置”，即表达式关联，从而使车轮的旋转与汽车运动同步	
（4）按组合键 Ctrl＋D 复制车轮图层并调整它的位置，完成运动、旋转等协调的汽车行驶动画制作	

任务四　无限循环

一、任务导入

利用 AE CC 的表达式制作无限循环动画比添加关键帧制作动画效率要高出许多，因此应用十分普遍。

无限循环

二、任务实施

步　　骤	说明或部分截图
(1) 在 AE CC 中新建一个合成。 使用矩形工具和椭圆工具,绘制一个正方形和正圆。 选定它们,做45°旋转	
(2) 按组合键 Ctrl+D复制图层,选定它们,做−45°旋转。 将两者对齐,得到一个"心"形	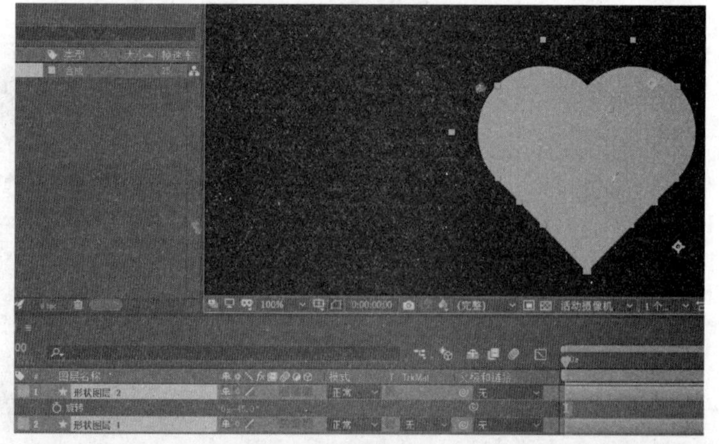
(3) 选定两个形状图层,按组合键 Ctrl+Shift+C 进行预合成。 添加"生成"→"梯度渐变"特效。 调整渐变起点、终点及颜色,将渐变形状设置为"径向渐变"	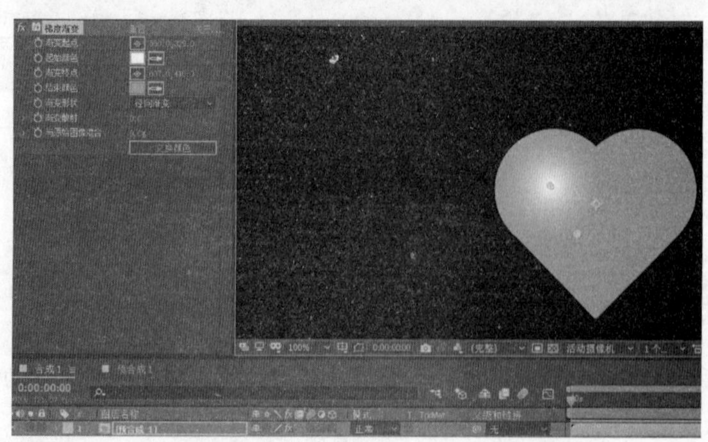

续表

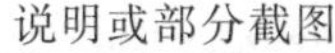

步　骤	说明或部分截图
(4) 按S键展开“缩放”属性，单击其前的码表，在0～0.5s之间制作一段自小至大的动画。按住Alt键单击码表，输入表达式： loopOut (type = "pingpong") 即：从末关键帧开始进入往返(乒乓)的无限循环运动	
(5) 按组合键Ctrl+D两次复制两个图层，依次向后缩两帧，图层的不透明度分别设定为30%、50%，完成最终效果的制作	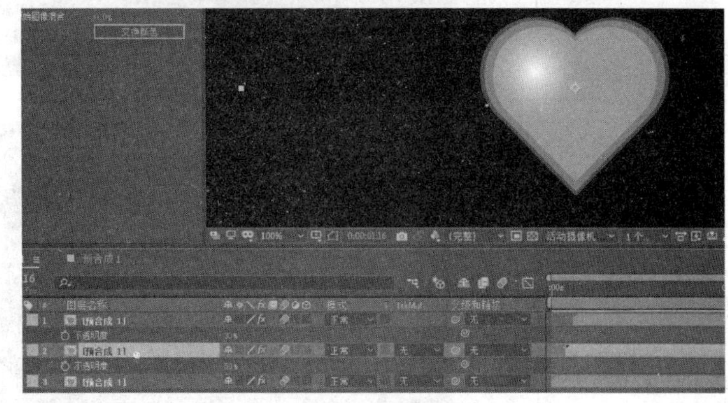

三、任务拓展

简易时钟

在AE CC中使用time函数表达式制作一个简易的时钟动画。

步　骤	说明或部分截图
(1) 在AE CC中使用椭圆工具、圆角矩形工具、钢笔工具，分层绘制如图所示的时钟。 将要转动的分针、时针中心点移至下方	

续表

步　　骤	说明或部分截图
（2）选定分针，展开其“旋转”属性。 按住 Alt 键单击其前的码表，输入表达式： time＊90 即：分针旋转角度是当前时长乘以 90	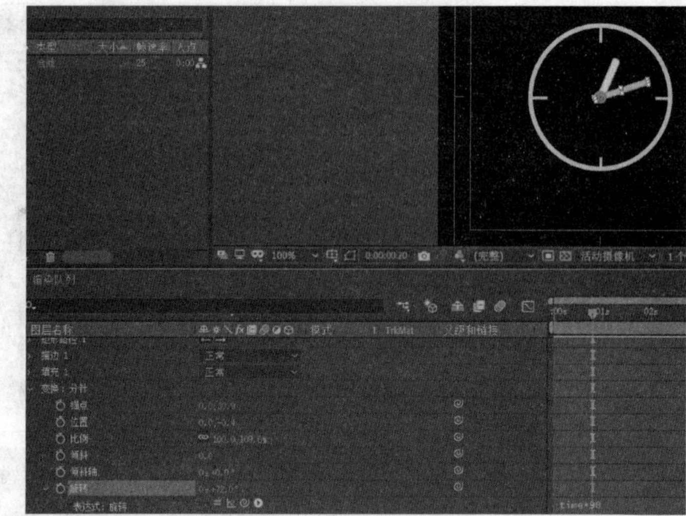
（3）选定时针，展开其“旋转”属性。 按住 Alt 键单击其前的码表，输入表达式： time＊90/12 即：时针旋转角度是分针的 1/12	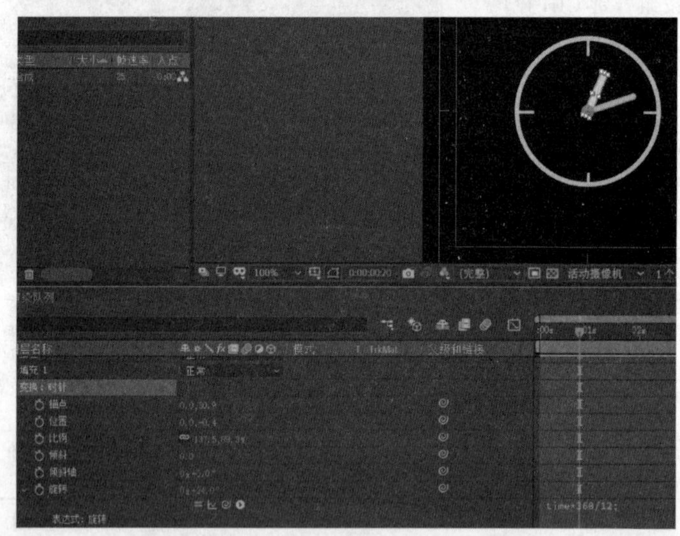
（4）最终的效果呈现	

任务五　过　电　流

一、任务导入

利用 AE CC 的表达式完成文字过电流特效的制作，主要用到 time()和 wiggle()函数表达式。

过电流

二、任务实施

步　　骤	说明或部分截图
(1) 在 AE CC 中新建合成，输入一行文字。 右击图层，在弹出的下拉菜单中选择“创建”→“从文字创建蒙版”命令，形成一个文字轮廓图层	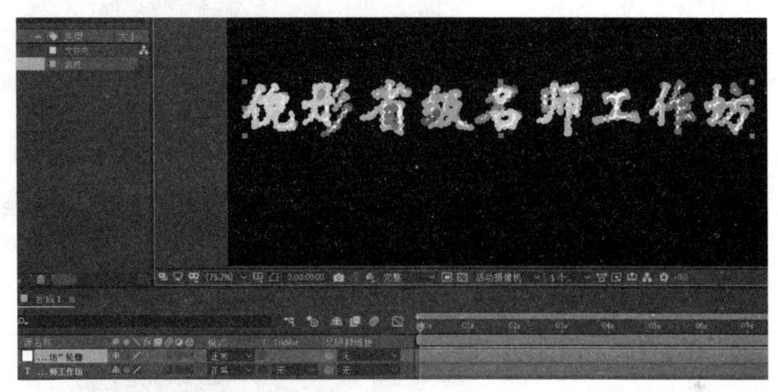
(2) 选定文字轮廓图层，添加“生成”→“描边”特效。 在“效果控件”面板中选定“所有蒙版”，取消“顺序描边”。 绘画样式选定“在透明背景上”	
(3) 单击“起始”和“结束”之前的码表，添加关键帧。 0～3s 处“结束”的值分别设定为 0～100%，完成文字的基本动画制作	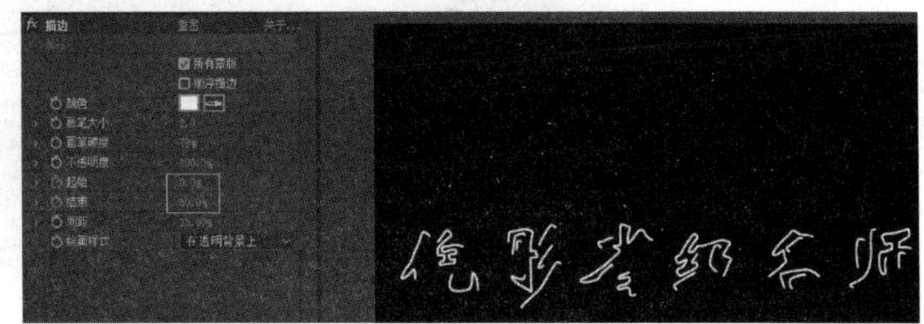

续表

步　骤	说明或部分截图
(4) 按组合键 Ctrl+D 复制图层,在“效果控件”面板中调整颜色、画笔大小。 在 0～2s～3.05s 处,设置“起始”项的值 0～55%～100%	
(5) 添加“扭曲”→“湍流置换”特效,使电流的线条更为扭曲。 将“大小”设置为 5 左右;按住 Alt 键单击“演化”之前的码表,输入表达式: time * 300 再添加“风格化”→“发光”特效	
(6) 按组合键 Ctrl+D 复制图层,在“效果控件”面板中调整颜色、画笔大小。将“大小”设置为 2 左右;按住 Alt 键单击“演化”之前的码表,输入表达式: time * 300 微调起始、结束关键帧的位置,如图所示	
(7) 添加一个调整图层,添加“风格化”→“发光”特效,调整发光半径、发光强度和发光维度的值,如图所示	

续表

步　　骤	说明或部分截图
(8) 选定所有图层，按组合键 Ctrl + Shift + C 进行预合成。 按 P 键展开“位置”属性，按住 Alt 键单击其前的码表，输入表达式： wiggle(8，10 − time * 2.5) 即：抖动趋减。 完成最终效果的制作	

三、任务拓展

动态留影

利用延时表达式 valueAtTime()制作一个动态留影效果。

步　　骤	说明或部分截图
(1) 在 AE CC 中新建合成，再输入一行文字。 对文字图层在 0～2s 处的“位置”和“缩放”属性添加关键帧，制作一段自上而下、自小至大的运动动画。 选中全部关键帧，按 F9 功能键进行“缓动”设置	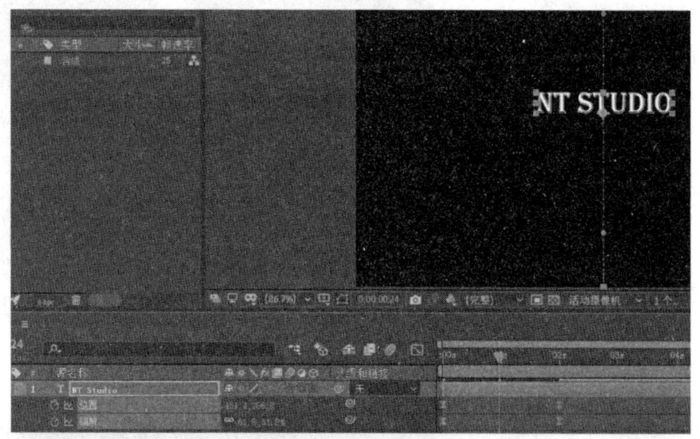
(2) 按组合键 Ctrl + D 复制图层，再按住 Alt 键单击“位置”属性之前的码表，输入表达式： valueAtTime(time − 0.05) 即：该图层与下一图层延时 0.05s	

续表

步　　骤	说明或部分截图
（3）按组合键 Ctrl+D 复制图层，再按住 Alt 键单击"位置"属性之前的码表，输入表达式： valueAtTime（time－0.1） 即：该图层与最下图层延时 0.1s	
（4）按组合键 Ctrl+D 复制图层，再按住 Alt 键单击"位置"属性之前的码表，输入表达式： valueAtTime（time－0.15） 即：该图层与最下图层延时 0.15s	
（5）选定复制的三个图层，按 T 键展开"不透明度"属性。 自上而下，将各个图层的不透明度分别设置成 20%、40%和 60%，完成动态留影效果的制作	

项目六

AE 三维

任务一　三维旋转

一、任务导入

三维图层是 After Effects CC 中学习难度较大的部分，因为它不仅包括自身的 X（红、左右）、Y（绿色、上下）、Z（蓝色、前后）三维立体属性，同时还与摄像机图层、灯光图层等密切相关。

三维旋转

二、任务实施

步　　骤	说明或部分截图
（1）在 AE CC 中导入素材图片，再依据门神图片新建合成	

续表

步　骤	说明或部分截图
（2）按组合键 Ctrl+D 两次，复制两个图层，再使用矩形蒙版绘制出左门、右门和门框	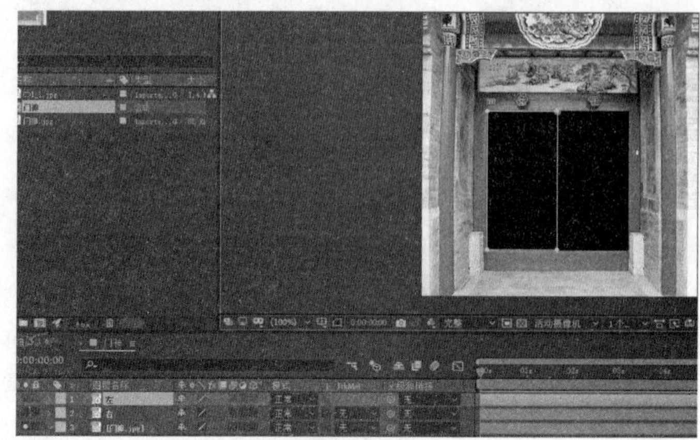
（3）单击左门、右门图层上的“立方体”形状按钮，将其转换为三维图层，出现三维坐标指示。 使用“移动(锚点)工具”，将两个图层的锚点分别移至左侧、右侧。准备做绕 Y 轴的旋转运动	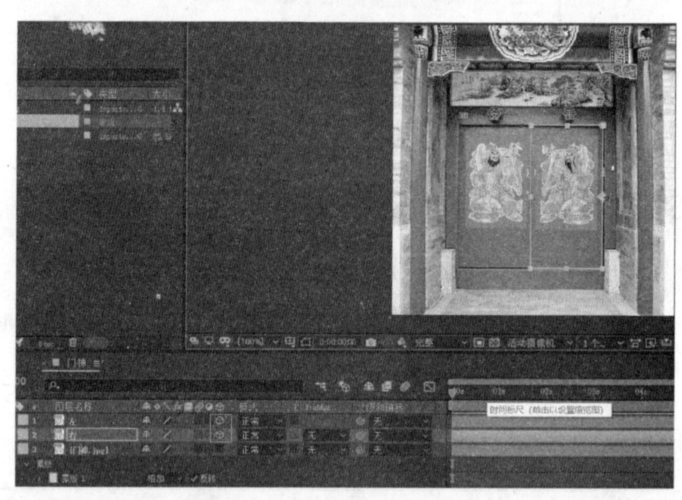
（4）分别单击左门、右门“Y 轴旋转”之前的码表，调整其值，做三段运动动画，即：开门、保持、关门，完成制作	

三、任务拓展

步　　骤	说明或部分截图
(1) 在 AE CC 中使用钢笔工具绘制如图所示的纸飞机形状。 转换为三维图层，选定全部图层，按组合键 Ctrl+Shift+C 进行预合成	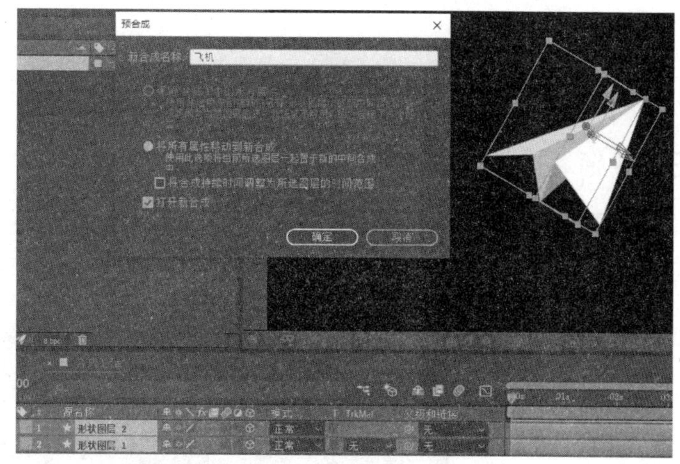
(2) 在新建合成中对预合成图层制作位移动画。 用“选取工具”调整位移的路径形状	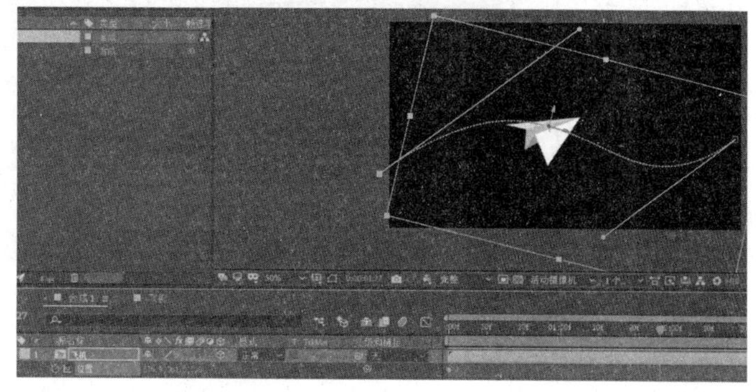
(3) 单击图层上的“折叠变换”按钮。 右击图层，在弹出的下拉菜单中，单击“变换”→“自动定向”→“沿路径定向”。 用“旋转工具”调整纸飞机的方向，完成效果的制作	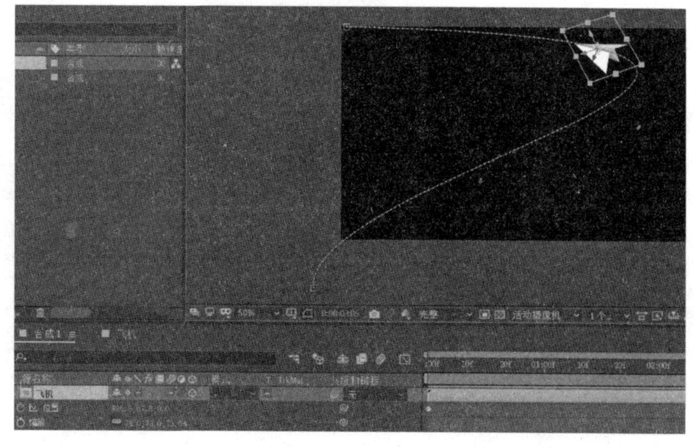

任务二　飘浮的图片

一、任务导入

利用AE CC的跟踪器跟踪摄像机操作，制作飘浮图片的效果。

飘浮的图片

二、任务实施

步　　骤	说明或部分截图
(1) 在AE CC中导入一个运动的视频素材，依据其新建合成。 单击“跟踪器”面板上的“跟踪摄像机”按钮，经过一段时间的分析，得到如图所示的结果。 单击“效果控件”面板上的“创建摄像机”按钮，得到一个新的图层	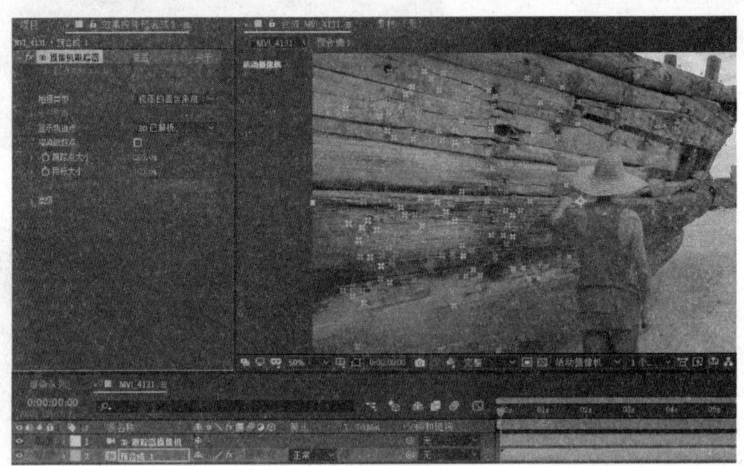
(2) 导入一批图片并拖拽至图层，再全部转换为三维图层。 使用“选择工具”和“旋转工具”对图片进行调整	

续表

步　　骤	说明或部分截图
（3）选定图层，右击，在弹出的菜单中选择“蒙版”→“新建蒙版”命令。 再添加“生成”→“描边”特效，在“效果控件”面板中调整“画笔大小”，给图片添加白色边框	
（4）渲染一段时间，完成最终效果的制作	

三、任务拓展

空间网格

步　　骤	说明或部分截图
（1）在AE CC中新建合成，再新建一个纯色图层。 添加“生成”→“网格”特效，在“效果控件”面板中对锚点、边角的参数进行调整，以改变单个网格的大小。 单击“立方体”按钮，将图层转换为三维图层	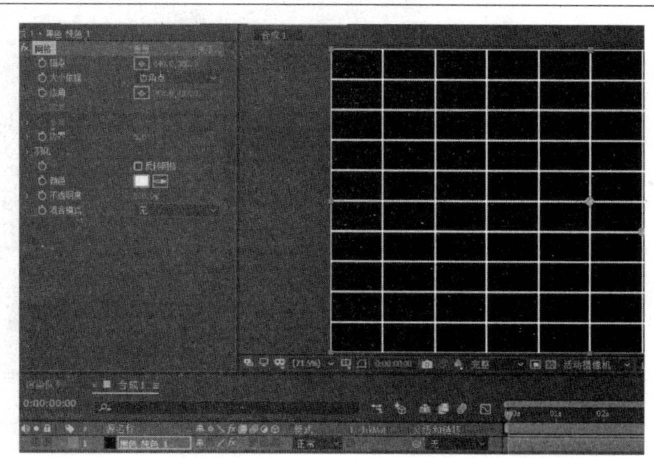

续表

<table>
<tr><th>步　　骤</th><th>说明或部分截图</th></tr>
<tr><td>(2) 选中图层，按组合键 Ctrl＋D 三次，复制三个图层。
将“活动摄像机”视图切换为“顶部”视图，使用选择工具和旋转工具，绕 Y 轴旋转 90°。
将四个网格图层排列成如图所示的形状。
重新切换到“活动摄像机”视图</td><td>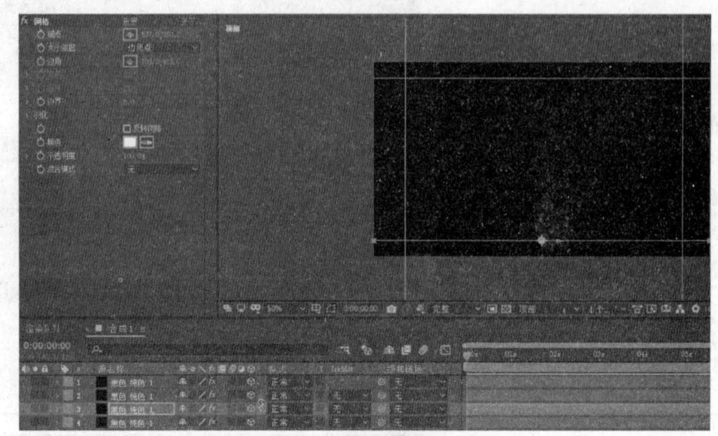</td></tr>
<tr><td>(3) 新建一个“摄像机”图层，用于视角的调整。
单击“统一摄像机工具”按钮，准备调整视角</td><td>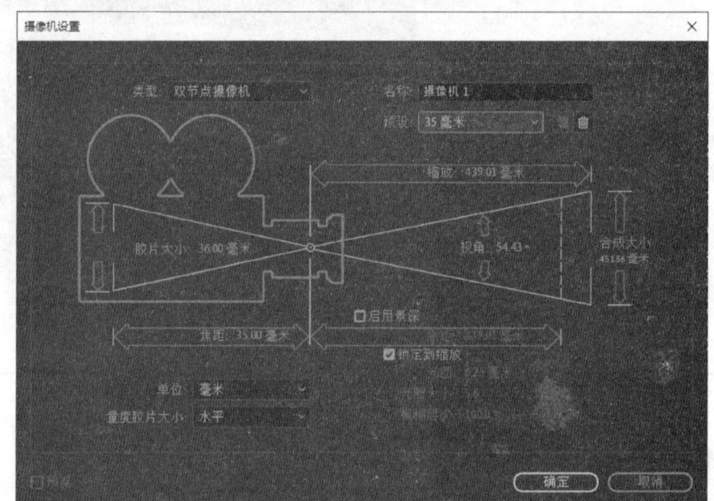
</td></tr>
<tr><td>(4) 使用“统一摄像机工具”将画面调整如图所示</td><td>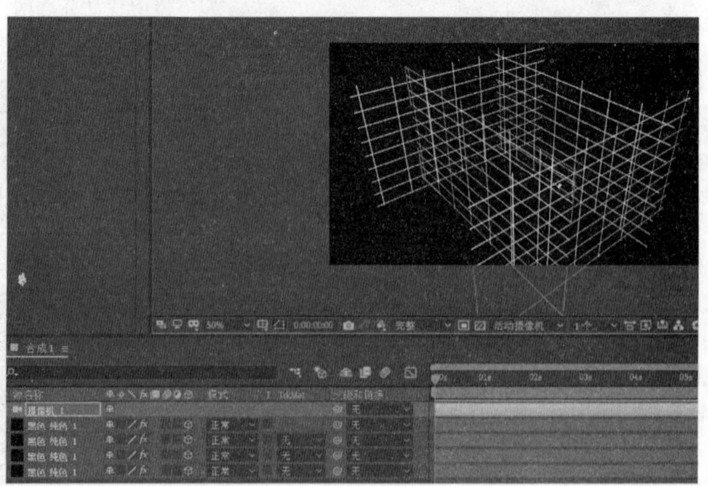</td></tr>
</table>

续表

步　　骤	说明或部分截图
(5) 新建一个"空对象"图层,转换成三维图层。 将四个网格图层的"父级和链接"设置为"空对象"图层。 按住 Alt 键单击"Y 轴旋转"之前的码表,输入表达式: time * 30 完成空间网格线旋转动画的制作	

任务三　灯光图层之投影

一、任务导入

AE CC 三维设置中灯光图层的运用比较抽象和难以理解,下面通过案例进行说明。

灯光图层之投影

二、任务实施

步　　骤	说明或部分截图
(1) 在 AE CC 中新建合成,再新建红、绿、蓝三个纯色图层。 单击"立方体"按钮,全部转换成三维图层	

续表

步　骤	说明或部分截图
(2) 在“左侧”视图中用选择工具和旋转工具调整三个图层的位置，如图所示。 返回“活动摄像机”视图	 
(3) 新建一个“灯光”图层，进行如下设置。 灯光类型：平行。 强度：100%左右； 投影：选中。 切换至“左侧”视图，调整摄像机的位置，并将“目标点”确定在蓝色图层。 返回“活动摄像机”视图	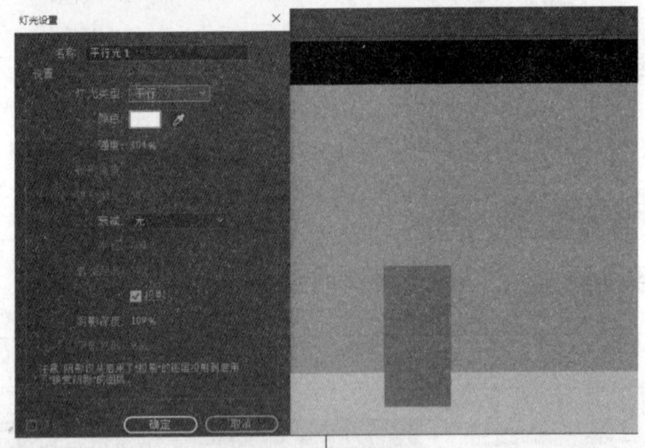 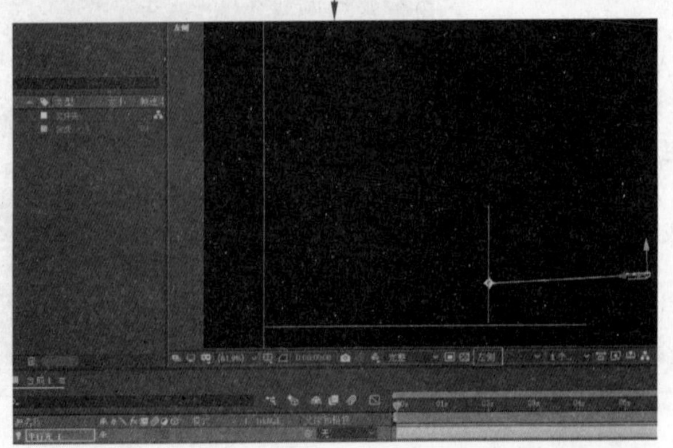

续表

步　骤	说明或部分截图
(4) 新建一个“环境”光图层，以照亮周边环境。 再将绿色、蓝色图层上的“材质选项”→“投影”设为“开”，此时出现物体投影，如图所示	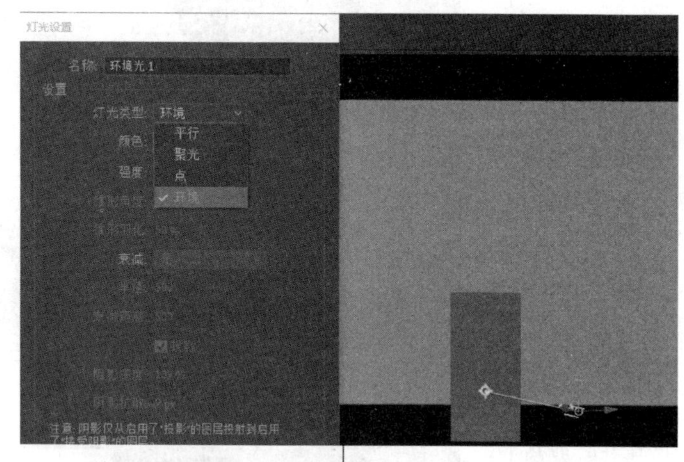 
(5) 新建一个“摄像机”图层，单击目标点、位置之前的码表，制作一段关键帧动画。 可见灯光投影将随着摄像机的运动而变化	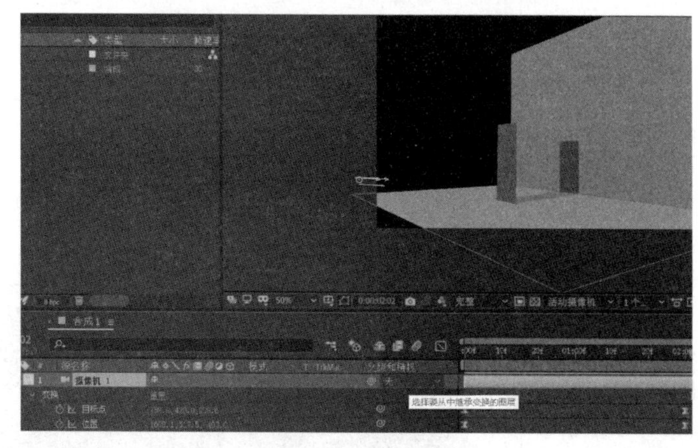

三、任务拓展

地图导航

利用三维图层制作地图导航的小箭头动效。

步　骤	说明或部分截图
(1) 在 AE CC 中导入一张地图图片,依据其创建一个新合成,将其转换为三维图层,绕 X 轴做适当旋转	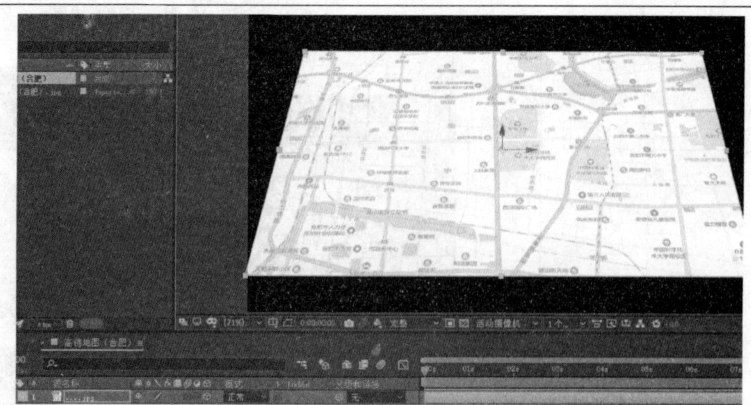
(2) 取消图层的选取,使用钢笔工具绘制如图所示的路径。 单击"内容"→"添加"→"修剪路径",单击"结束"之前的码表,添加两个关键帧,设定其值为 0～100,从而形成一个路径延伸的动画。 选中"内容"→"形状 1"→"路径 1",按组合键 Ctrl+C 将其复制到剪贴板上	
(3) 在无图层被选中的状态下,使用钢笔工具、椭圆工具绘制如图所示箭头形状。 按 P 键展开"位置"属性并保持选中,移动时间指示器至开头的位置,按组合键 Ctrl+V 粘贴路径,完成小箭头跟随路径的动效制作	

任务四　旋转立方体

一、任务导入

在 AE CC 中利用六个三维图层组成旋转的立方体。

旋转立方体

二、任务实施

步　　骤	说明或部分截图
(1) 在 AE CC 中新建合成，使用矩形工具＋Shift 绘制正方形，再填充一种颜色。 使用选取工具＋Alt 键可对选中的正方形边移动边复制，将这 9 个正方形纵横排列整齐，形成立方体的一个面。 将该图层转换为三维图层	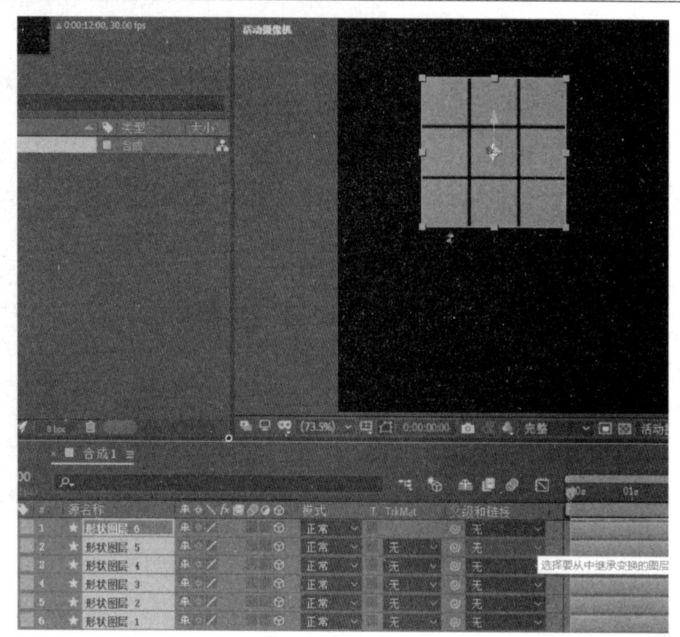
(2) 按组合键 Ctrl＋D 五次，复制五个图层，再给五个面分别填充不同的颜色。 将两个面分别绕 X、Y 轴旋转 90°。 新建一个“摄像机”图层，调整下视角。 使用选取工具并选中“对齐”选项，拖拽每个边的边界进行“对齐”，拼成一个立方体	

续表

步　　骤	说明或部分截图
(3) 将六个面所在的图层选中，按组合键 Ctrl＋Shift＋C 进行预合成，再单击“折叠变换”“3D 图层”按钮	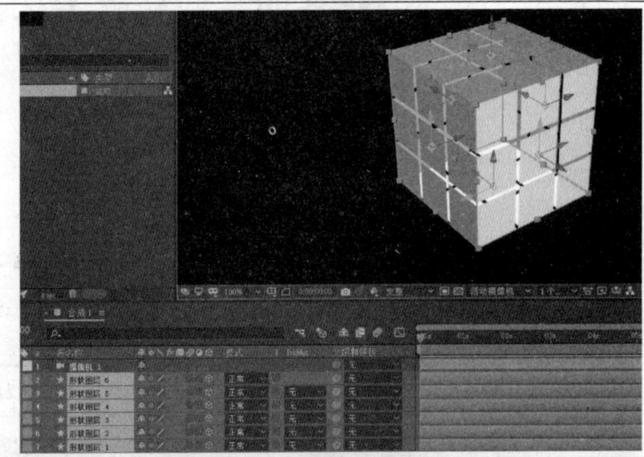
(4) 按 R 键展开“旋转”属性，再按住 Alt 键单击 X 轴旋转、Y 轴旋转和 Z 轴旋转之前的码表，输入表达式： Time * 30 从而完成旋转立方体动画的制作	

三、任务拓展

立体动态图片

利用 Photoshop CC 的消失点滤镜将平面图片导出成 VPS 格式的图片，在 AE CC 中制作立体动态图片的效果。

步　　骤	说明或部分截图
(1) 在 Photoshop CC 中打开一幅图片，单击“滤镜”→“消失点”，打开相应的对话框。 使用“创建平面工具”，建立如图所示的蓝色空间网格	

续表

步　　骤	说明或部分截图
(2) 单击左上角的“消失点设置和命令”，将图片导出为 After Effects 所用格式(.vpe)	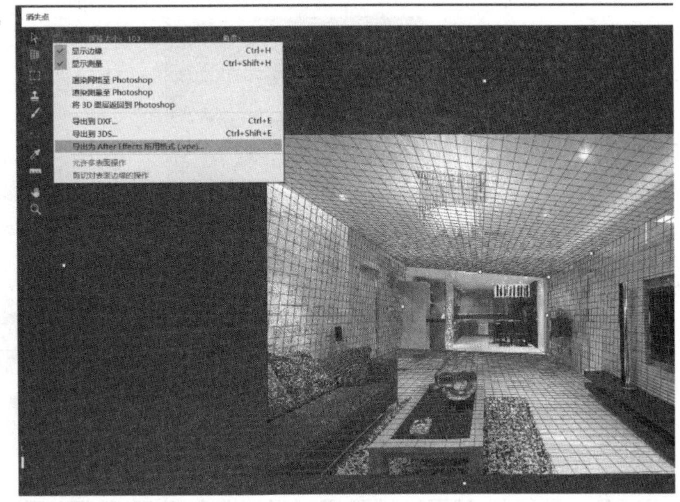
(3) 在 AE CC 中，选择菜单命令“文件”→“导入”→Vanishing Point(.vpe)	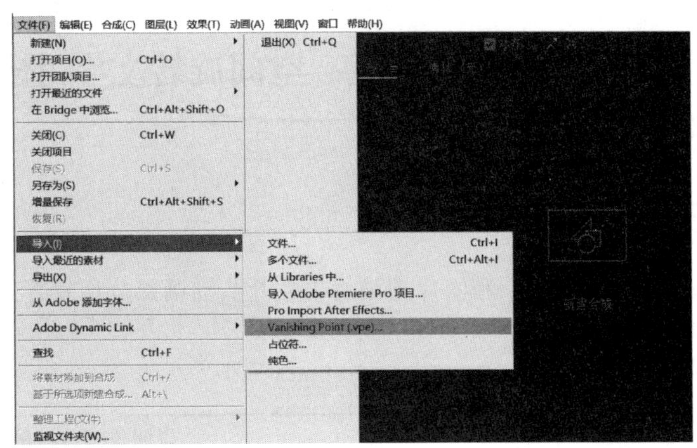
(4) 打开 vpe 自建的合成，其中包括一个摄像机图层、一个空对象图层和五张图片所组成的三维空间。 五个图片层默认以空对象层为父级	

续表

步　骤	说明或部分截图
（5）选中“父级”图层，按P键展开“位置”属性，按R键展开“旋转”属性，单击P、R之前的码表制作关键帧动画，从而完成将平面图片转换成立体动画图片的效果	

任务五　空间旋转文字/图片

一、任务导入

AE CC的三维文字和图片动画效果在片头动画部分比较普遍。

空间旋转文字

二、任务实施

步　骤	说明或部分截图
（1）在AE CC中新建一个合成，再新建一个纯色图层和一个文字图层，将其全部转换为三维图层。 同时打开顶视图和活动摄像机视图，将文字图层调整到纯色图层之前	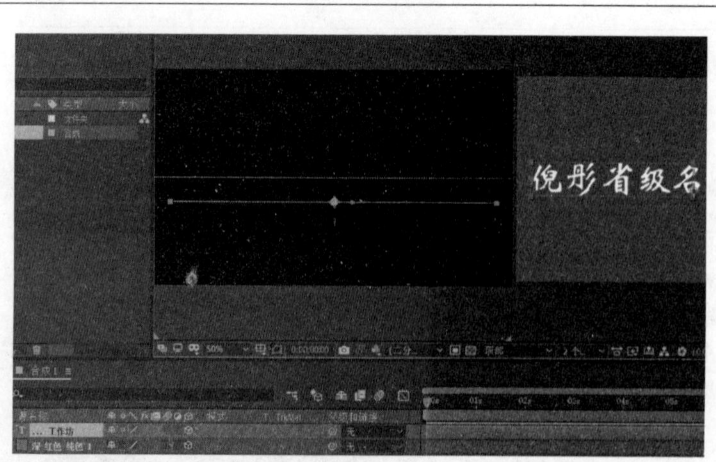

续表

步　　骤	说明或部分截图
(2) 展开文字图层的几何选项，将“凸出深度”项的值设定为 60 左右	
(3) 新建一个灯光图层(平行光)，再次调整纯色图层的位置及大小。 选中文字图层，按 R 键，展开其“旋转”属性，微调“X 轴旋转”的值	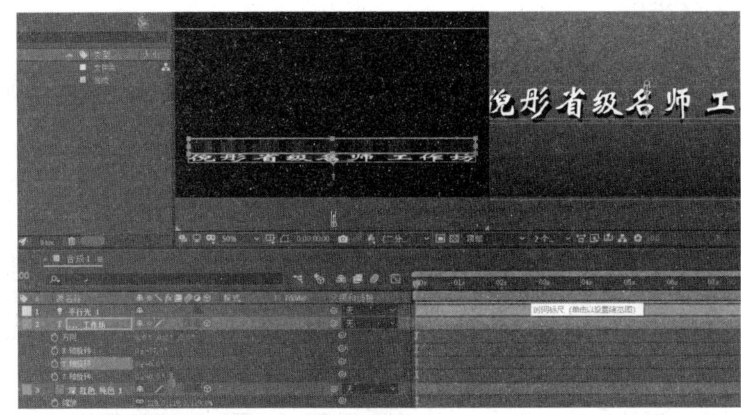
(4) 展开文字图层的材质选项，将“投影”项的值设定为“开”。 再调整灯光图层“目标点”的位置	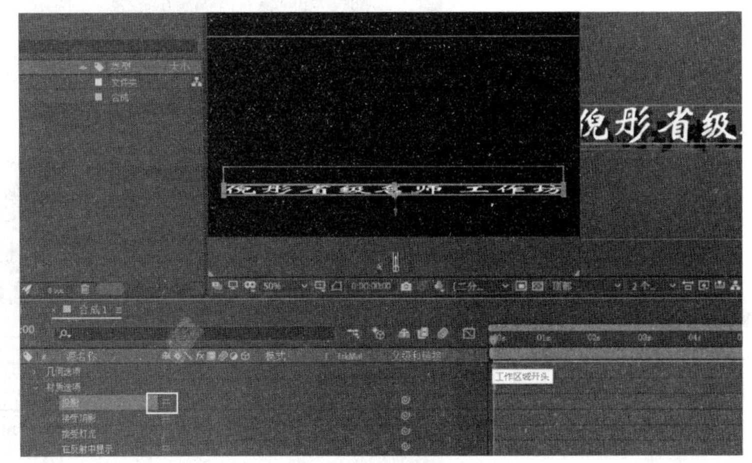

续表

步　　骤	说明或部分截图
(5) 按 R 键展开文字图层的“旋转”属性，按住 Alt 键单击“Y 轴旋转”之前的码表，输入表达式： time * 30 完成最终效果的制作	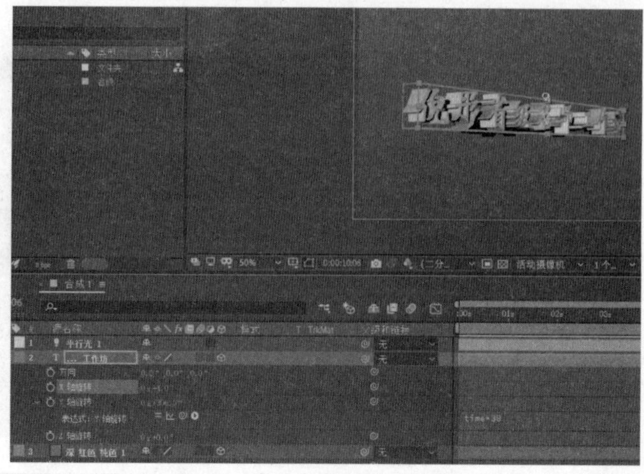

三、任务拓展

空间图片环绕

在 AE CC 中利用“透视”→CC Cylinder 特效，将一批图片制作成立体环绕的效果。

步　　骤	说明或部分截图
(1) 在 AE CC 中导入一批图片，再将其排列分布对齐	
(2) 按组合键 Ctrl+Shift+C，将其进行预合成。 添加“透视”→CC Cylinder 特效，然后在“效果控件”面板中调整 Radius、Rotation X、Light 项的值，如图所示	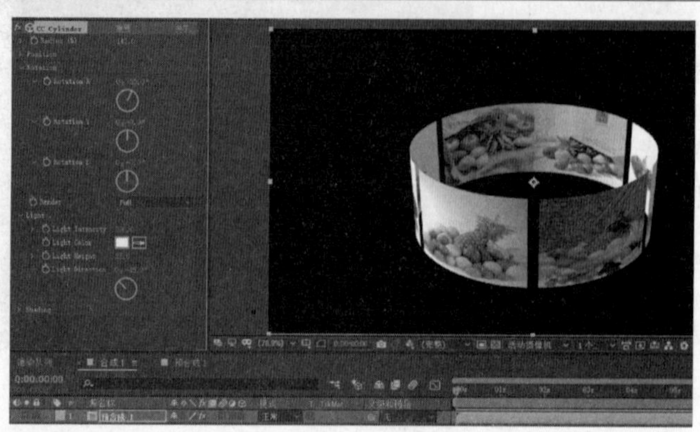

续表

步　　骤	说明或部分截图
(3) 在“效果控件”面板中按住 Alt 键单击 Rotation Y 项之前码表，输入表达式： time * 30 完成效果的制作	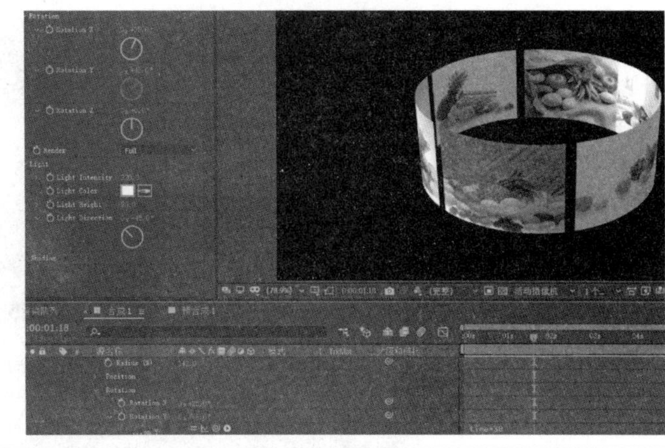

任务六　形状路径动画

一、任务导入

形状路径动画

AE CC 的形状路径动画是将对象按绘制的矢量路径进行运动，在 MG 动画制作中运用非常广泛。

二、任务实施

步　　骤	说明或部分截图
(1) 在 AE CC 中新建合成，选定椭圆工具，设置为有描边、无填充，选中“贝塞尔曲线路径”。 按住组合键 Ctrl+Shift 绘制正圆路径(非蒙版)。 选定“椭圆 1”→“路径 1”→“路径”，按组合键 Ctrl+C 复制到剪贴板，准备用作另一个圆的旋转路径	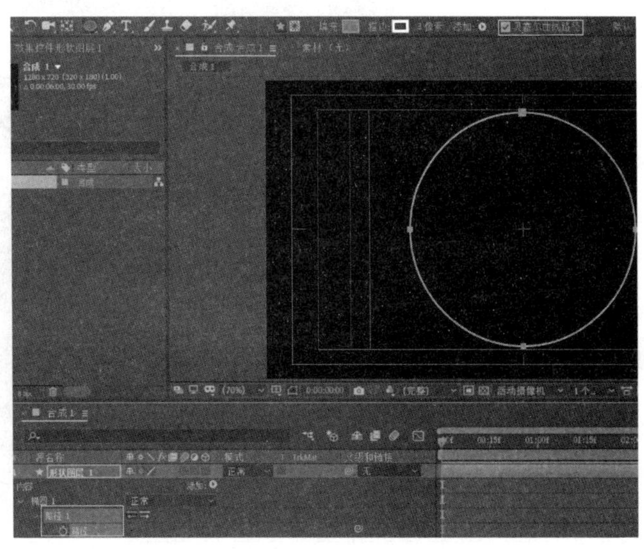

续表

<table>
<tr><th>步　　骤</th><th>说明或部分截图</th></tr>
<tr><td>（2）取消图层选定状态，使用椭圆工具再绘制一个正圆，得到形状图层2，使用“锚点工具”将中心点移至正圆的几何中心
按P键展开“位置”属性，选定位置，按组合键Ctrl+V粘贴路径，得到一个小球沿圆形轨道运动的动画</td><td>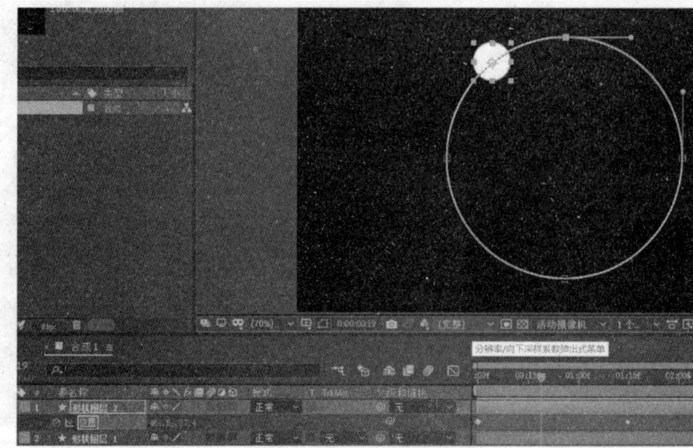</td></tr>
<tr><td>（3）选定两个图层，按组合键Ctrl+D复制，得到两个新的形状图层。
选定小球所在的图层，将其“父级和链接”设置为路径图层，按S键展开“缩放”属性，将路径图层缩小</td><td>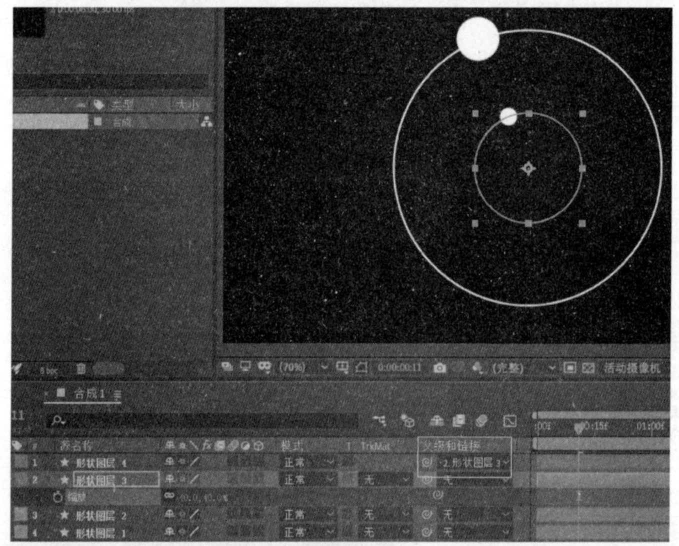</td></tr>
<tr><td>（4）将四个图层全部转换为三维图层。
新建一个摄像机图层，使用“统一摄像机工具”调整下视角，如图所示</td><td>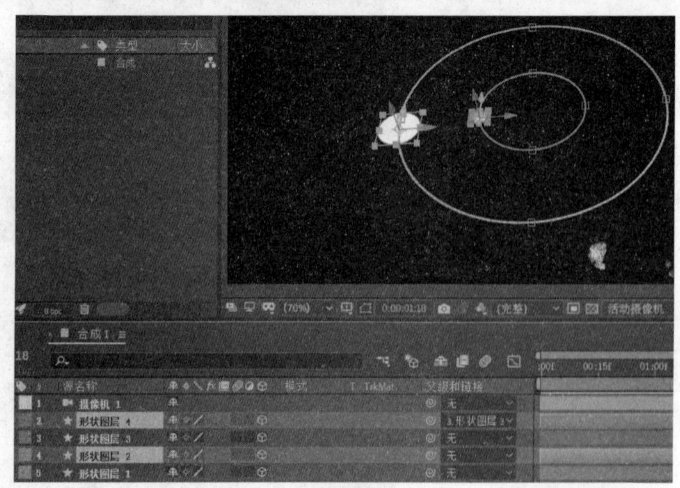</td></tr>
</table>

续表

步 骤	说明或部分截图
(5) 选定两个球所在的图层,右击,在弹出的下拉菜单中选择“变换”→“自动方向”命令,选中“定位于摄像机”,从而使圆球从面变成体	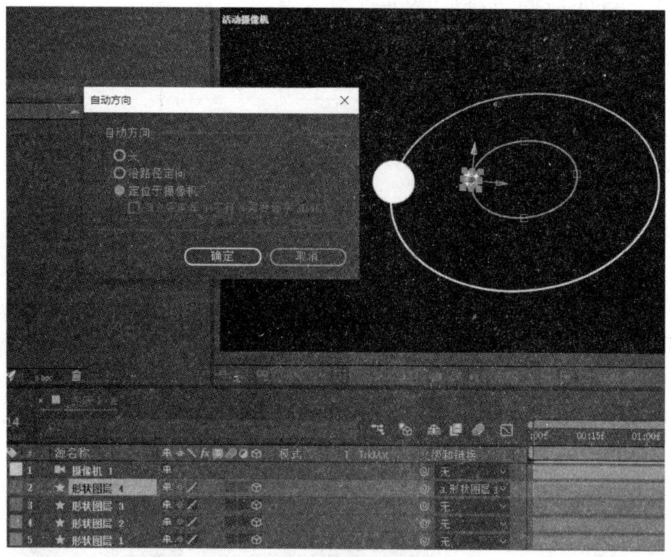
(6) 单击小球所在图层的“位置”,全选上面的关键帧,右击,在弹出的下拉菜单中选择“关键帧辅助”→“时间反向关键帧”命令,从而使大小球体的旋转方向相反	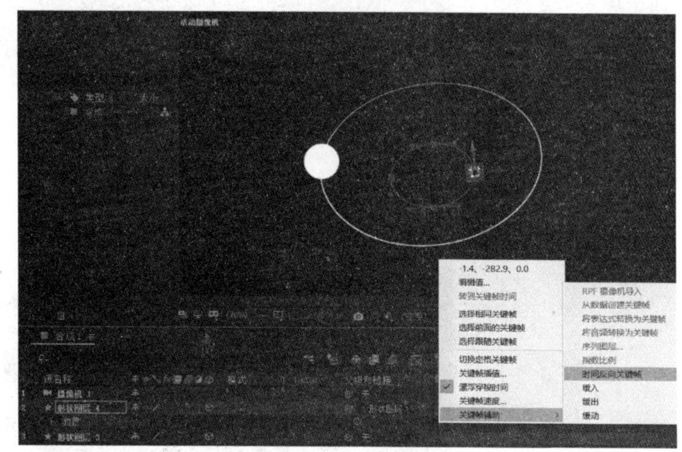
(7) 选中小球轨道所在的图层,按 P 键展开“位置”属性,单击其前的码表,在 Z 轴方向制作关键帧动画,完成效果制作	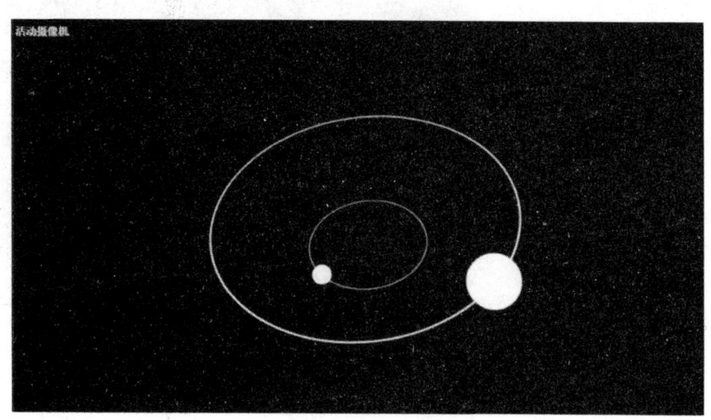

三、任务拓展

三维综合练习

利用 AE CC 的三维效果进行综合练习。

步　　骤	说明或部分截图
(1) 在 AE CC 中新建合成，再新建一个纯色层，取消图层的选取状态。 再绘制一个圆角矩形，按组合键 Ctrl＋D 两次，复制两个图层。将三个圆角矩形所在的图层对齐、分布均匀。 选定四个图层，统一转换为三维图层	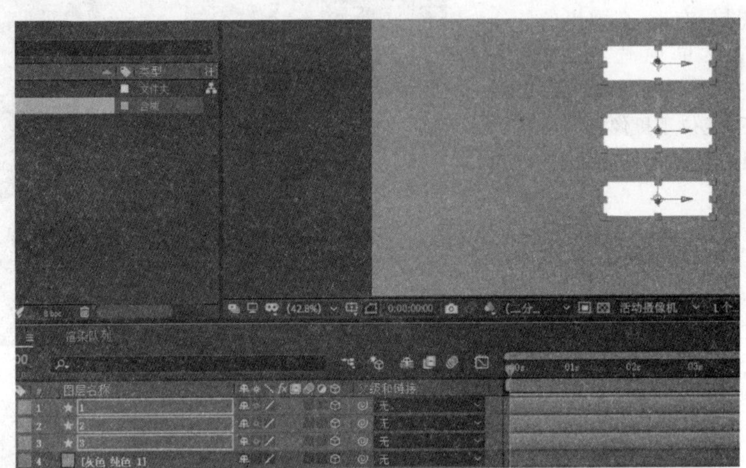
(2) 新建一个“聚光灯”图层，调整灯光的位置及角度。 再将三个圆角矩形所在的图层“材质选项”→“投影”设置为“开”	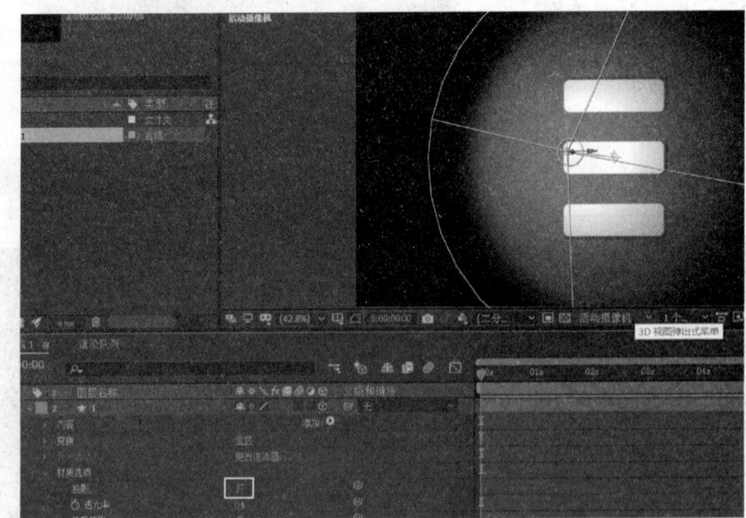

续表

步　骤	说明或部分截图
(3) 统一选中三个圆角矩形所在的图层，将当前时间指示器移至开头。 按 P 键展开“位置”属性，单击其前的码表，统一加上关键帧。 按组合键 Ctrl＋C 复制最下面图层的关键帧，返回最上面的图层，在第 5s 处，按组合键 Ctrl＋V 粘贴关键帧。 在第 2s、4s 处将 Z 轴由原来的－32 调整为－100。 选定最上层所有的关键帧，右击，在弹出的下拉菜单中选择“关键帧插值”→“空间插值”→“线性”命令，制作直上直下的效果	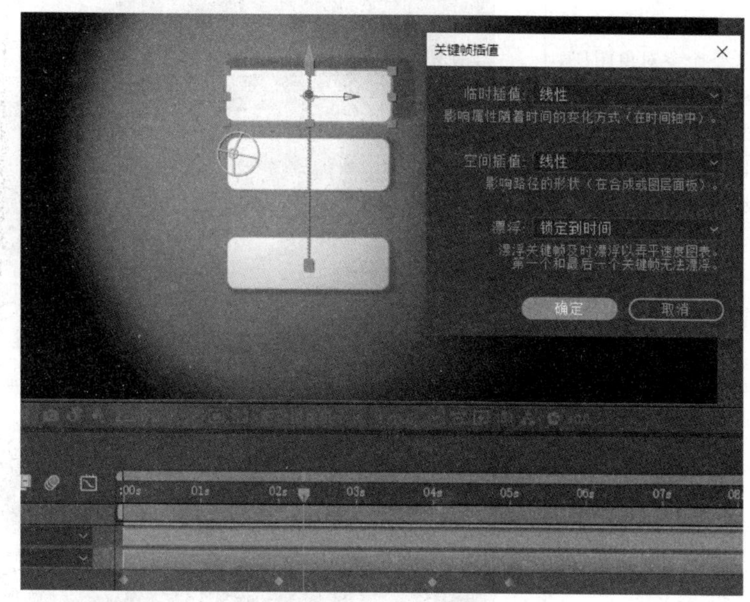
(4) 在中间和最下方的圆角矩形所在的图层中同样制作一段运动动画，运动的终点分别是最上层和中间层起始的位置，可用组合键 Ctrl＋C 和 Ctrl＋V 复制、粘贴关键帧来完成。 选定全部关键帧，按 F9 转换为曲线，在“图表编辑器”中调整速度曲线，制作“先快后慢”的动画效果	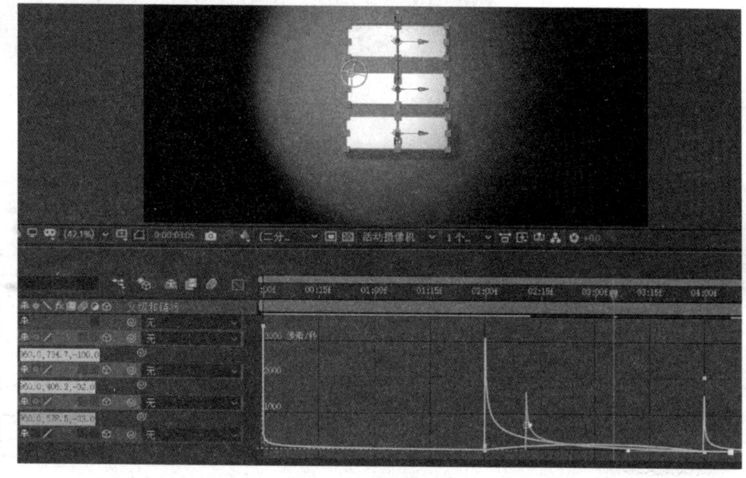

续表

步　　骤	说明或部分截图
（5）新建一个摄像机图层、一个空对象图层，将空对象图层转换为三维图层，并设置成除摄像机图层之外图层的父级	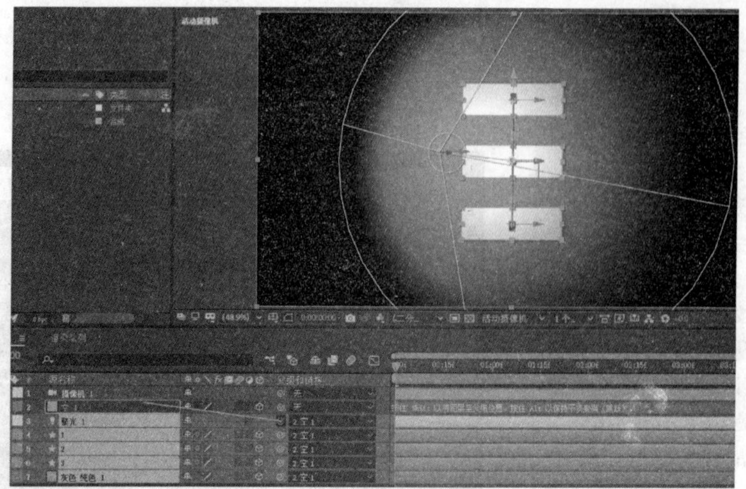
（6）选定空对象图层，按 R 键展开“旋转”属性，单击其前的码表，在开始、结束位置新建关键帧。 调整 X、Z 轴的值，完成三维综合动画效果的制作	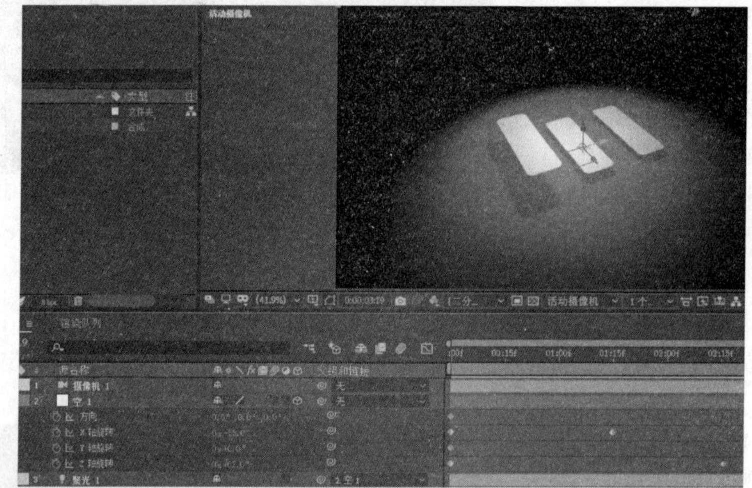

项目七

AE 外挂

任务一　火焰（二）

一、任务导入

AE CC 的外挂插件阵容整齐、功能强大。外挂插件使我们的影视、动画创作更专业、更高效。

火焰（二）

本任务是学习 AE Saber 插件的使用。

二、任务实施

步　　骤	说明或部分截图
（1）首先运行 Saber 主程序进行插件安装。 然后将汉化补丁 Saber.aex 文件复制粘贴至下面的文件夹中。 X：\ Program Files \ Adobe \ Adobe After Effects CC 2019\Support Files\VideoCopilot X 为 AE CC 主程序所在的盘符	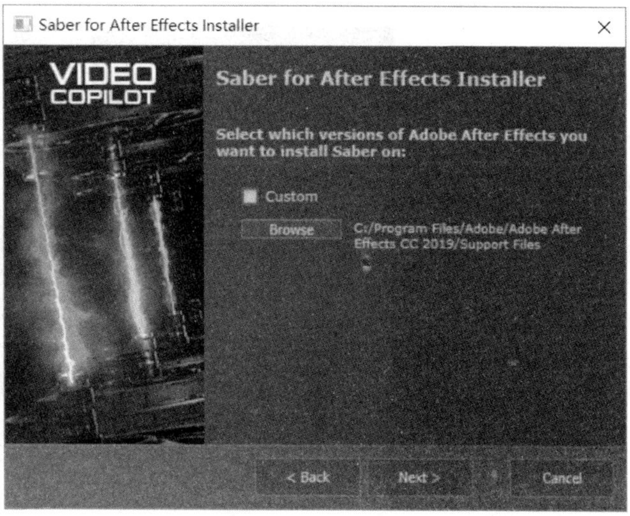

续表

步　　骤	说明或部分截图
（2）在 AE CC 中导入图片并依据其新建合成。添加“颜色校正”→“曲线”特效，降低图片的亮度。 使用“文字工具”输入一行文本	
（3）新建一个纯色图层，添加 Video Copilot→Saber 特效	
（4）在“效果控件”面板中将“预设”设置为“火焰”，将“自定义主体”设置为“文字图层”并调整相应的参数。 将图层混合模式设置为“相加”。取消文字图层的显示，完成火焰文字动效的制作	

三、任务拓展

步　　骤	说明或部分截图
（1）在 AE CC 中新建合成，再新建一个纯色图层，使用椭圆工具、多边形工具绘制如图所示的形状蒙版。 添加“生成”→“描边”特效，选中“所有蒙版”，再调整“画笔大小”进行描边。 最后，将图层转换为三维图层	
（2）添加 Video Copilot→Saber 特效。 在“效果控件”面板中将“预设”设置为“风暴”，将“自定义主体”设置为“遮罩图层”并调整相应的参数	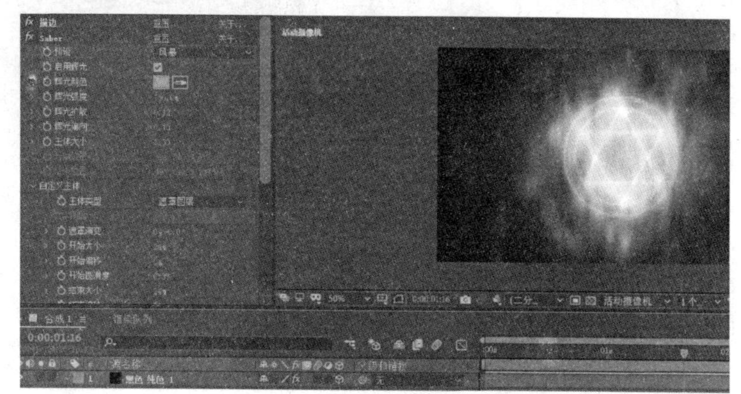
（3）按 P 键展开“位置”属性，单击其前的码表，针对 Z 轴制作一段自远至近的动画，完成图形动画效果的制作	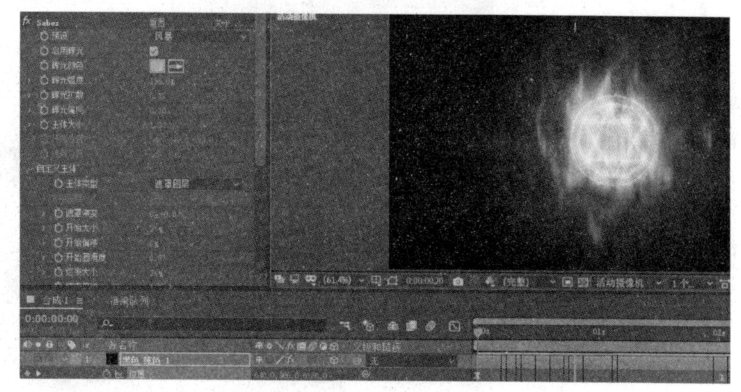

任务二　立体高架广告

一、任务导入

Video Copilot Element 3D 简称 E3D，它是一款功能强大、真实三维效果的 AE 插件，支持 3D 对象在 AE 中直接渲染或使用。

立体高架广告

二、任务实施

步　骤	说明或部分截图
（1）首先运行 Element 3D 主程序进行插件安装。 然后将程序补丁 Element.aex 文件及授权使用文件 Element-License.license 复制粘贴至下面的文件夹中。 X:\Program Files\Adobe\Adobe After Effects CC 2019\Support Files\Plug-ins\Video Copilot X 为 AE CC 主程序所在的盘符	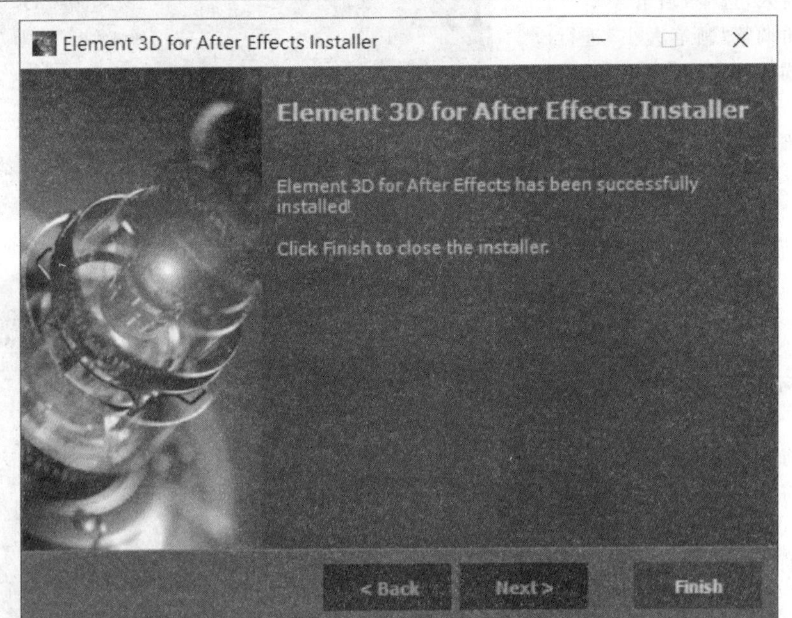
（2）在 AE CC 中新建合成，再新建一个纯色图层。 在图层右击，添加“效果”→Video Copilot→Element 特效。 单击 Scene Setup 按钮，进入 E3D 编辑界面	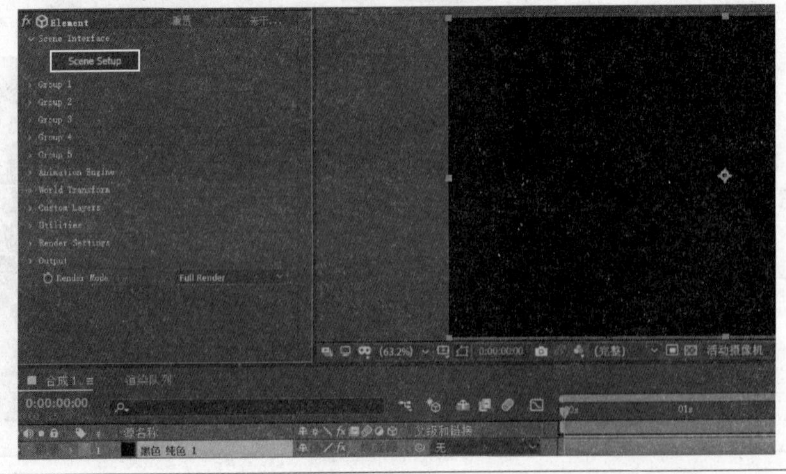

续表

步　　骤	说明或部分截图
（3）在右侧 Model Browser 面板中选定 billboard（广告牌）模型	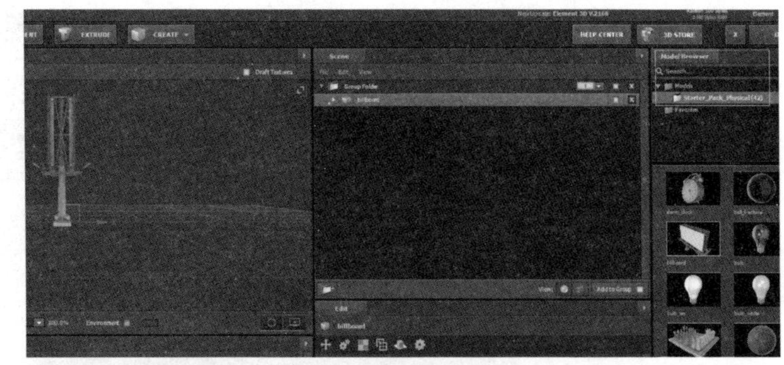
（4）在 billboard 选项下选中 poster _ 01 → MaterialType → Textures，进行纹理贴图	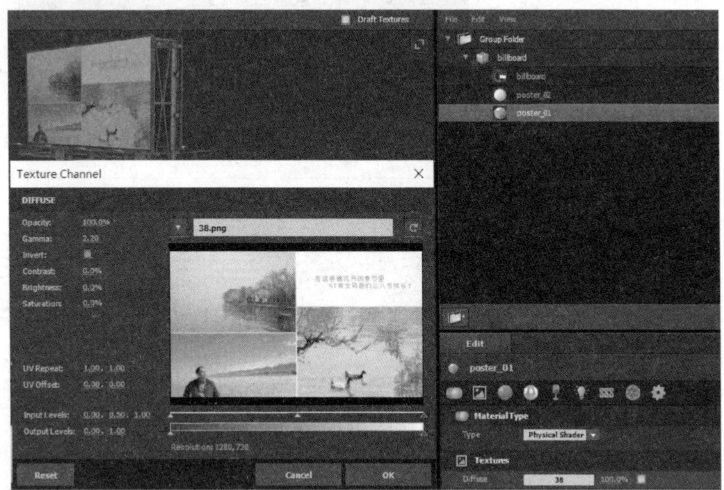
（5）在左侧的 Presets 面板中选中 Environment（环境）项下级文件夹中的某个图片文件作为三维场景	

续表

<table>
<tr><th>步　骤</th><th>说明或部分截图</th></tr>
<tr><td>(6) 调整广告牌的视角及位置，取消右上角的“草图”显示模式，如图所示</td><td></td></tr>
<tr><td>(7) 返回 AE CC，在纯色图层的“效果控件”面板 Element 选项添加光照效果，从而使广告牌变亮。
新建摄像机图层，准备制作动画效果</td><td>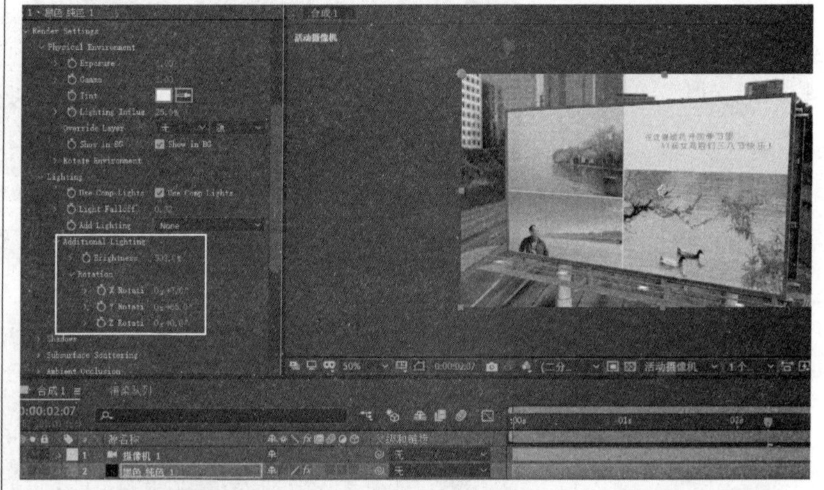</td></tr>
<tr><td>(8) 设置顶部视图、活动摄像机视图模式。
分别将当前时间指示器移至开头和结尾，单击摄像机图层的目标点、位置两个属性之前的码表，确定关键帧，调整机位，完成动画效果的制作</td><td></td></tr>
</table>

E3D 文字

三、任务拓展

<table>
<tr><th>步　骤</th><th>说明或部分截图</th></tr>
<tr><td>(1) 在 AE CC 中新建合成，输入文字，再新建一个纯色图层，添加 Video Copilot→Element 特效。
单击 Custom Layers→Custom Text and Masks，将 Path Layer 1 设置为文字图层。
单击 Scene Setup 按钮，进入 E3D 编辑界面</td><td></td></tr>
<tr><td>(2) 单击 EXTRUDE (挤压)按钮，将文字制作成三维效果。在右侧的 Scene 面板中，可对斜面、倒角、颜色等进行设置</td><td></td></tr>
<tr><td>(3) 在文字的背后新建一个平面对象并填充红色。
选中文字，在 Presets (预设)面板中双击一种材质及效果进行运用</td><td></td></tr>
</table>

续表

步　骤	说明或部分截图
(4) 单击 OK 按钮，退出 Element 3D 并返回 AE CC	
(5) 新建一个摄像机图层，使用顶部、活动摄像机两个视图模式。 移动时间指示器至开头，单击目标点、位置两个属性之前的码表，添加两个关键帧	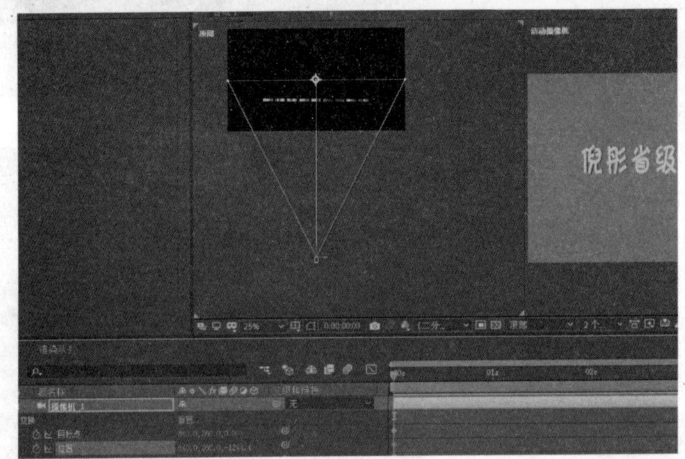
(6) 在顶部视图调整摄像机的位置，在时间轴的其他位置继续添加关键帧。 注：平移摄像机时，应先用鼠标在空白区单击，然后再进行机位的调整	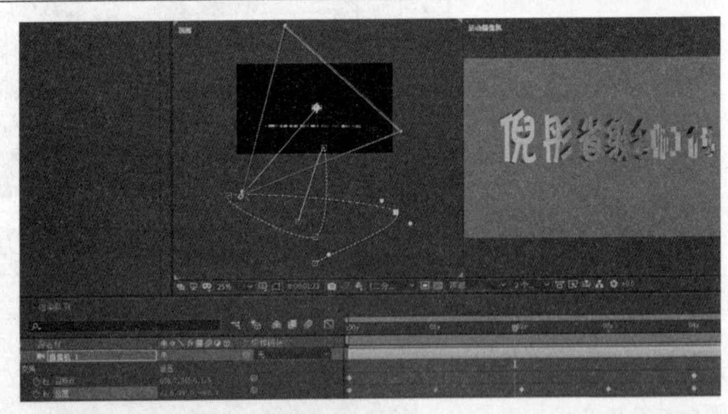
(7) 为进一步增强文字的质感，可在“效果控件”面板中使用 Lighting 选项，增加光照效果	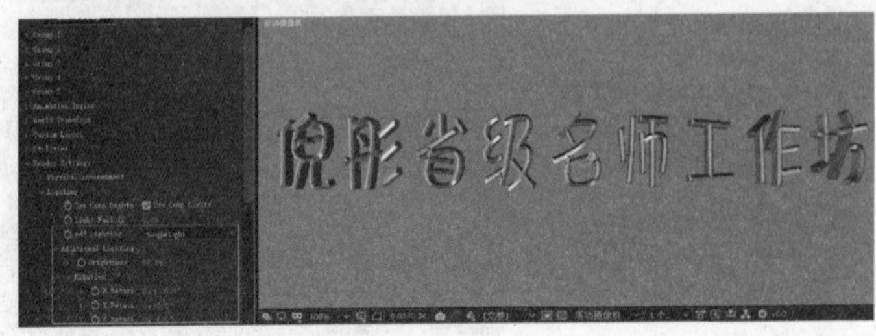

任务三　Trapcode Suite 插件（一）

一、任务导入

红巨人的 Trapcode Suite 粒子套餐插件是一款非常常用的插件，其中最受欢迎的粒子插件就是 Particular，在各种影视广告、栏目包装乃至电影特效中均可见到它的“身影”。

Shine 插件

二、任务实施

步　　骤	说明或部分截图
（1）首先运行 Trapcode Suite 主程序安装插件；然后选择套件的组件，如 Particular、Shine、Form 等；最后输入序列号：TCBK2245868172939255 激活	
（2）在 AE CC 中新建合成，再新建一个纯色图层。 使用文字工具输入一个文字方阵，拟制作一个旋转的文字球体	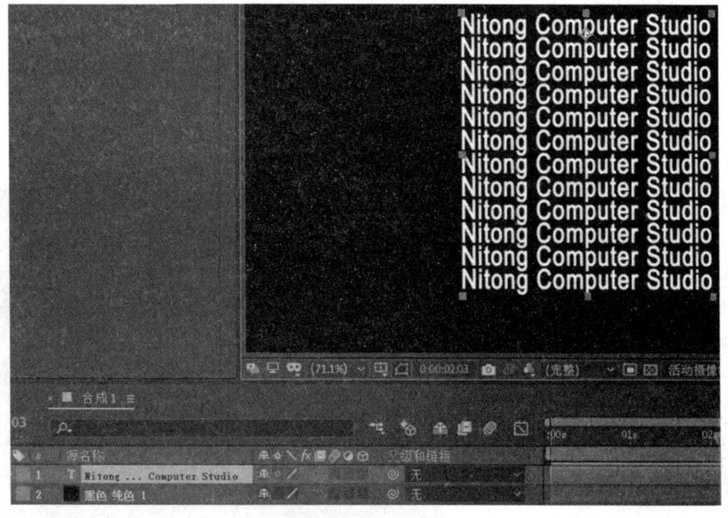

续表

步　　骤	说明或部分截图
（3）添加“透视”→CC Sphere 特效，按住 Alt 键单击 Rotation Y 属性之前的码表，输入表达式： Time＊36 形成文字球体的旋转动画	
（4）添加 RG Trapcode→Shine 外挂特效，调整 Colorize、Ray Length、Boost Light 三个参数的值，完成如图所示的动画效果的制作	

三、任务拓展

Form 插件

利用 RG Trapcode-Form 插件制作一个风吹沙的文字动画效果。

步　　骤	说明或部分截图
（1）在 AE CC 中新建合成，输入文字。 添加“生成”→“梯度渐变”特效，在“效果控件”面板中调整渐变颜色、渐变起点和渐变终点。 按组合键 Ctrl＋Shift＋C 对文字图层进行预合成	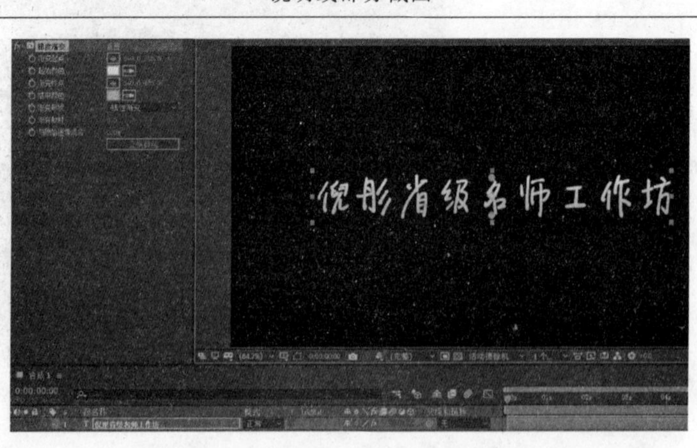

续表

步　　骤	说明或部分截图
(2) 新建一个背景为白色的纯色图层。 添加“过渡”→“线性擦除”特效，设置擦除角度为 270°，羽化为 120 左右，再单击“过渡完成”其前的码表，在 0～5s 处添加关键帧，设置过渡完成为 100%～0%。 按组合键 Ctrl＋Shift＋C，对其进行预合成，命名为“置换 1”。 注：在预合成中选中默认的第 1 项	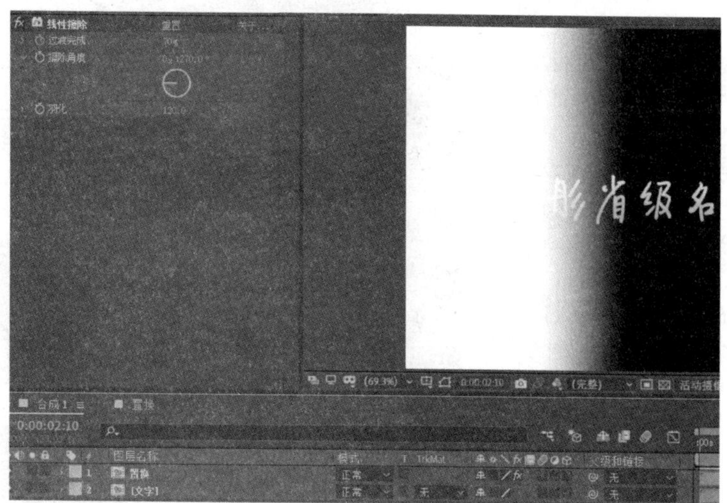
(3) 在“项目”面板中选中“置换 1”，按组合键 Ctrl＋D 复制，重命名为“置换 2”。 添加“过渡”→“线性擦除”特效，设置擦除角度为 90°，羽化为 120 左右，再单击“过渡完成”其前的码表，在 1～6s 处添加关键帧，设置过渡完成为 0%～100%。 将“置换 2”拖拽至图层	

续表

步　骤	说明或部分截图
(4) 隐藏以上三层。再新建一个纯色图层,命名为 Form,添加 RG Trapcode→Form 特效。 在“效果控件”面板中对 Form 特效进行如下设置。 在 Base Form 项,将 Size X、Size Y、Size Z 的值分别设定为 1280、720、0;将 Partticles in X、Partticles in Y 、Partticles in Z 的值分别设定为 1280、720、1	
(5) 在 Layer Maps 项,将 Layer(图层)设置为“文字”图层,将 Fractal Strength(分形强度)、Disperse(散布)设置为“置换 1”图层,其他参数设置如图所示	
(6) 在 Disperse and Twist 项设置 Disperse(散布)的值为 100,Twist(扭转)为 1。 在 Fractal Field 项设置 Displacement Mode 为 XYZLinked, Displace 的值为 100	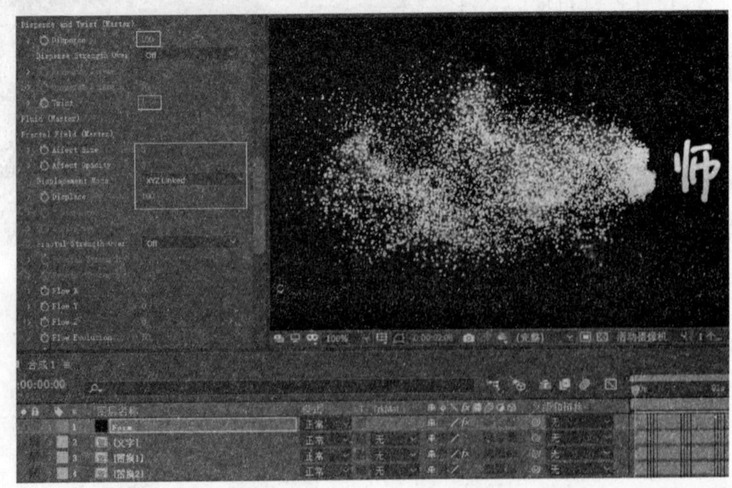

续表

步　　骤	说明或部分截图
(7) 在 Layer Maps 项将 Size(尺寸)设置为"置换 2"图层,如图所示,实现粒子的动态消失效果,从而完成最终的效果制作	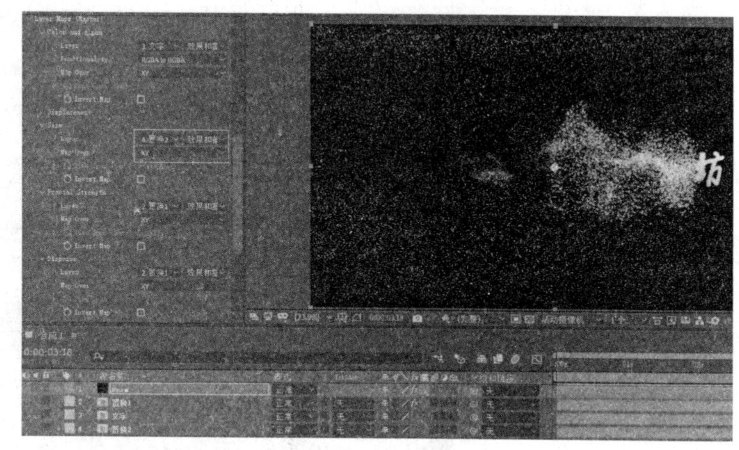

任务四　Trapcode Suite 插件(二)

一、任务导入

Particular 插件

RG Trapcode-Particular 插件是 AE CC 中应用最广、功能最强大的插件之一,下面利用它制作一个花瓣雨的效果。

二、任务实施

步　　骤	说明或部分截图
(1) 在 AE CC 中新建合成,再新建一个纯色图层,然后导入一张花瓣的素材图片	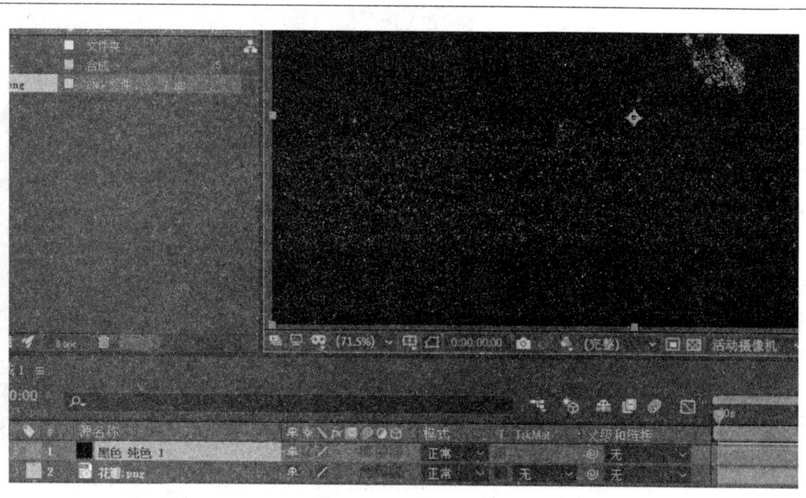

续表

步　骤	说明或部分截图
(2) 选定纯色图层,添加 RG Trapcode-Particular 特效,同时隐藏花瓣图层。 在 Emitter(发射器)项,设置 Emitter Type 为 Box,Emitter Size X、Emitter Size Y、Emitter Size Z 分别为 1280、720、500 左右	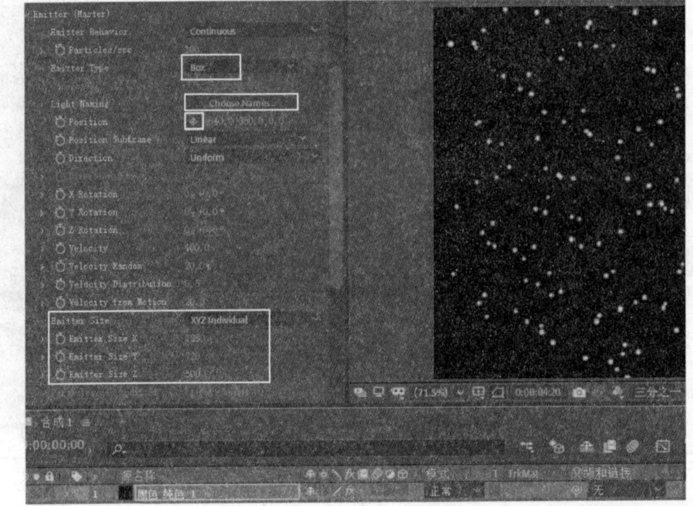
(3) 在 Particle(粒子)项,设置 Particle Type 为 Sprite,Texture/Layer 为"花瓣"所在的图层,Rotation Speed Z 为 0.3,Random Speed Rotat 为 0.2	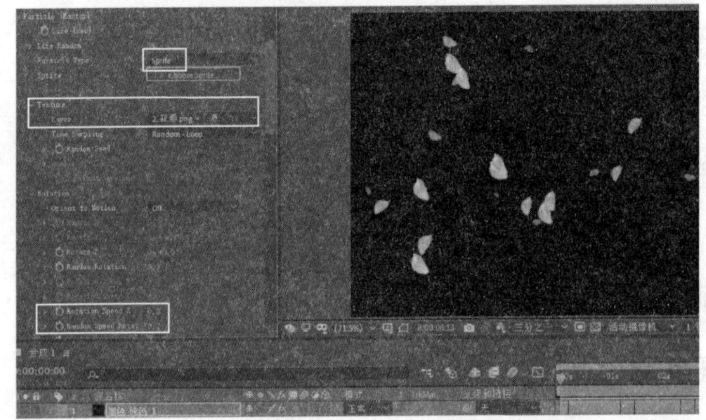
(4) 在 Particle(粒子)项继续设置 Size 为 30 左右,Size over Life、Opacity over Life 均选"预置"的形状,如图所示	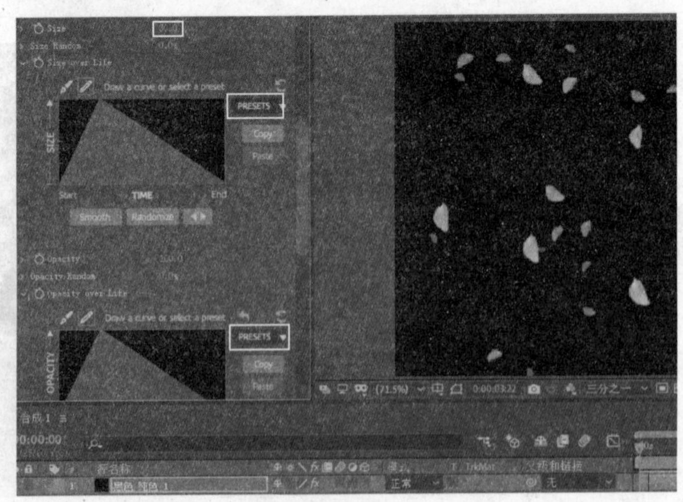

续表

步　骤	说明或部分截图
(5) 在 Physics(物理)项设置 Gravity 为 0, Wind X、Wind Y、Wind Z 分别为 50、100、100 左右, Affect Size、Affect Position 分别为 80、20 左右	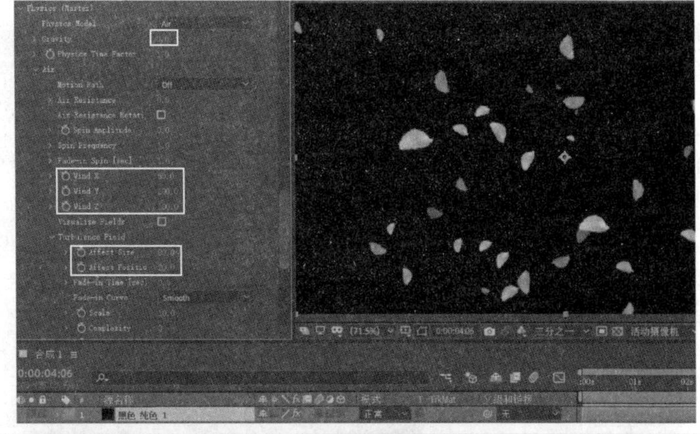
(6) 最终效果展示	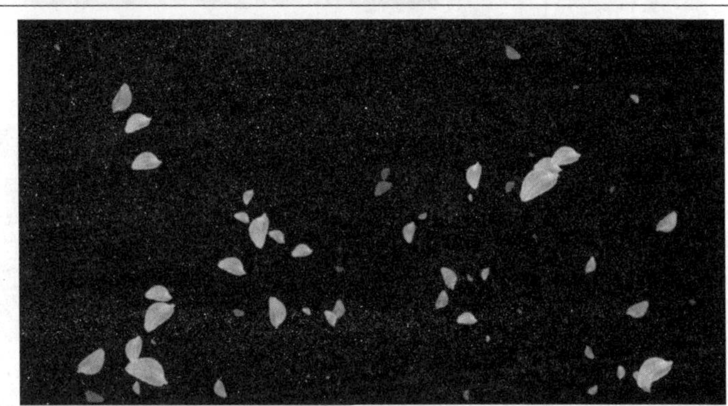

三、任务拓展

跳动的粒子

将 Element 3D 和 Particular 两个插件结合制作一个随机跳动的粒子动画。

步　骤	说明或部分截图
(1) 在 AE CC 中新建合成,再新建一个纯色图层,命名为"粒子",添加 RG Trapcode-Particular 特效。 在 Emitter(发射器)项设置 Emitter Type 为 Box, Position Y 为 54 左右, Velocity 为 10 左右, Emitter Size X、Emitter Size Y、Emitter Size Z 分别为 1280、0、500 左右	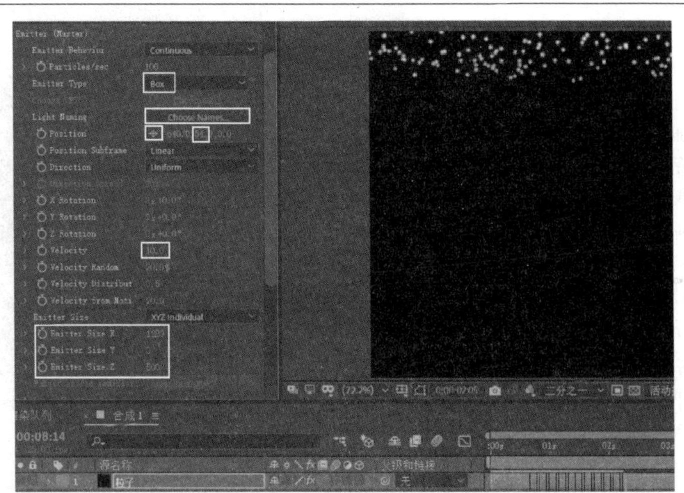

续表

步　　骤	说明或部分截图
(2) 新建一个纯色图层,命名为"底板",转换为三维图层,置于"粒子"图层之下。 在 Physics(物理)项设置 Physics Model 为 Bounce(反弹),Gravity 为 130。 Bounce 子项的设置:Floor Layer 为"底板"图层, Bounce、Bounce Random、Slide 分别为 40、100%、67 左右	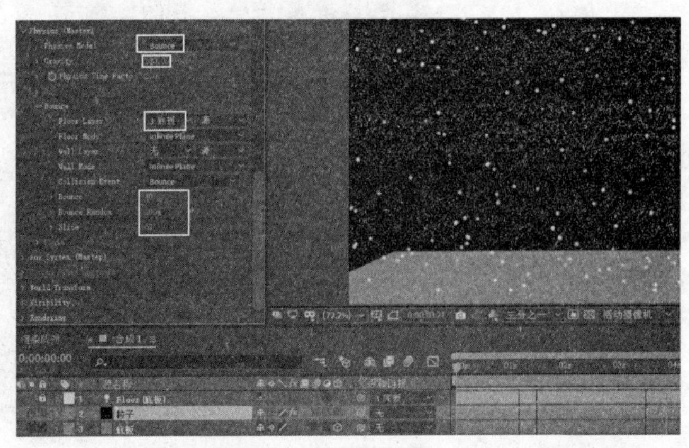
(3) 在 Particle(粒子)项设置 Life Random 为 100%,Sphere Feather 为 2 左右; Size、Size Random 为 8、100%左右; Opacity over Life 为"预置"的梯形效果, Set Color 为 Random from Gradient。 隐藏"底板"所在的图层。 对粒子的数量(Particles/sec)、重力(Gravity)、滑动(Slide)再做一次微调,完成 Particular 特效设置	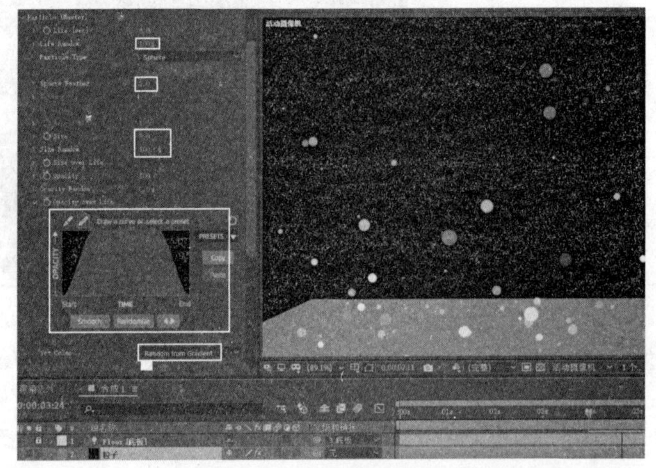
(4) 新建一个纯色图层,添加 RG Trapcode→Form 特效。 在 Base Form(基本设置)项中调整 Size 子项各参数,如图所示。 再调整 Position Y 为 524 左右,X Rotation 为 −77 左右,从而使网格产生透视感	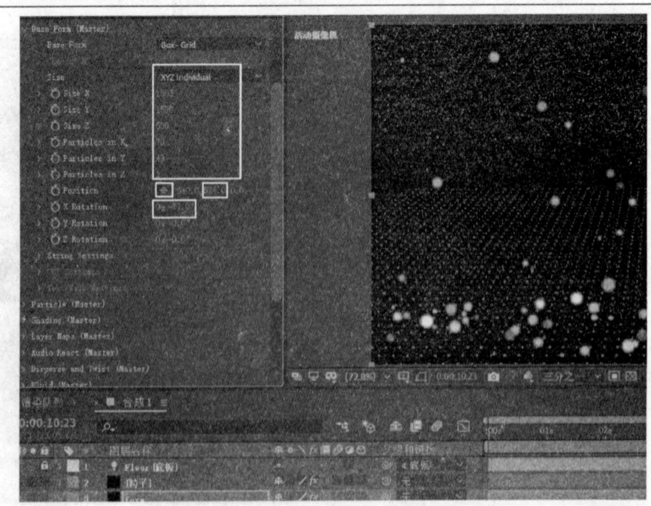

续表

步　　骤	说明或部分截图
（5）在 Particle（粒子）项设置 Opacity、Opacity Random 为 69、100% 左右，Color 为青色。 在 Fractal Field（分形场）项设置 Disiplace（置换）为 16 左右，完成 Form 特效的设置	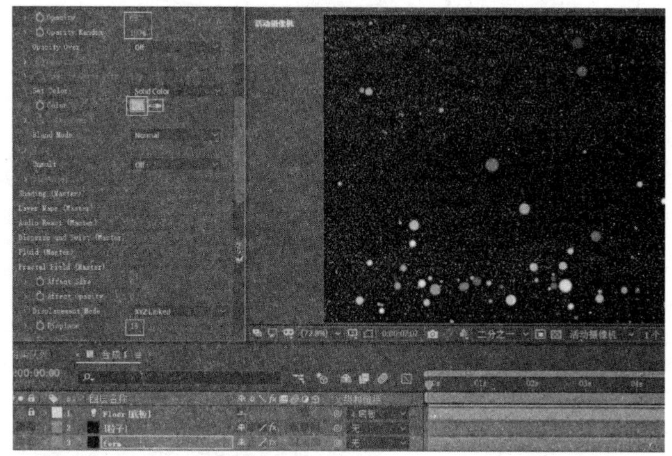
（6）使用文字工具输入一行文字，将其所在的图层转换为三维图层，用 Z 轴缩放来调整文字的尺寸。按 P 键展开“位置”属性，首、尾添加关键帧并全部选定。 打开“摇摆器”功能面板，依默认参数设定，单击“应用”按钮，使文字产生轻微的摇摆动画	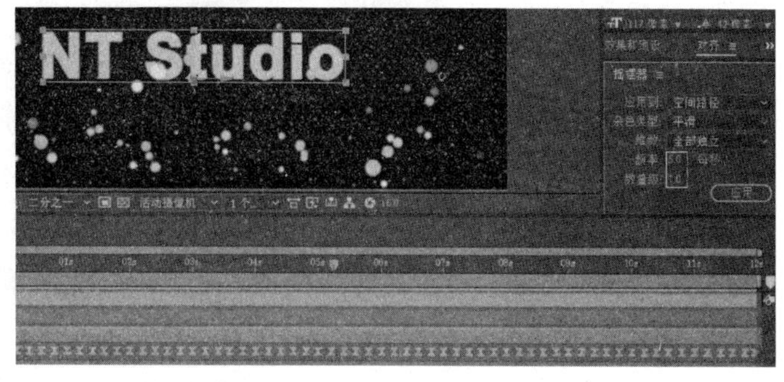
（7）按组合键 Ctrl+D 复制文字图层，按 R 键、组合键 Shift+T 展开旋转和不透明度属性，将 X 轴旋转设置为 −180，不透明度设置为 29% 左右，完成整体效果的制作	

任务五　Optical Flares 插件

一、任务导入

Optical Flares 是 AE CC 中又一个著名的第三方插件，它主要用于炫丽光效的制作。

动态光晕

二、任务实施

步　骤	说明或部分截图
(1) 安装步骤如下。 执行主程序：OpticalFlares Installer_1. 3. 5_Win. exe，将插件安装至 AE CC 的 Plug-ins 文件夹中	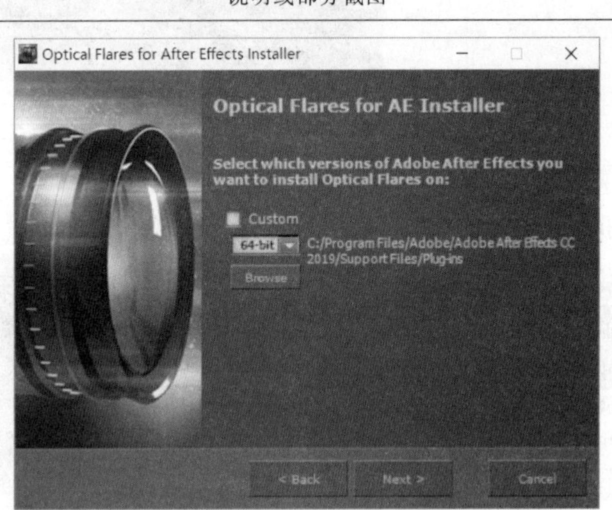
(2) 运行 AE CC，新建一个纯色图层，添加"效果"→Video Copilot→Optical Flares 特效，出现机器码，将其复制到剪贴板。 运行破解程序，输入机器码，得到一个授权文件。 将授权文件复制、粘贴至 Optical Flares 安装目录下，重启 AE 即可正常使用	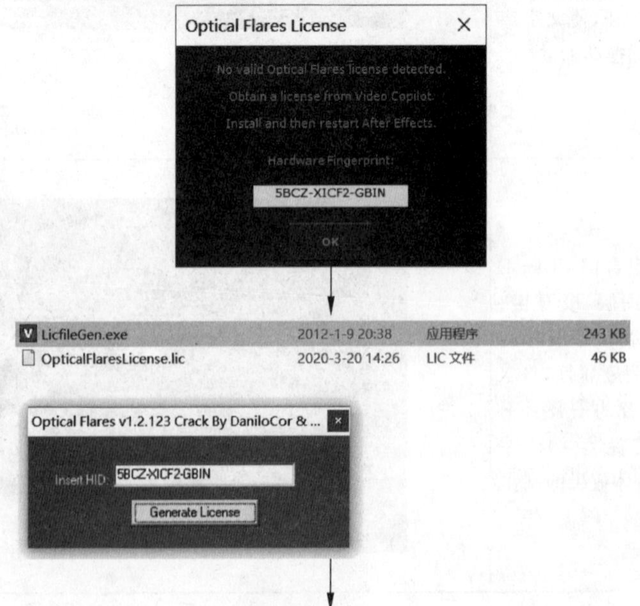

续表

步　　骤	说明或部分截图
	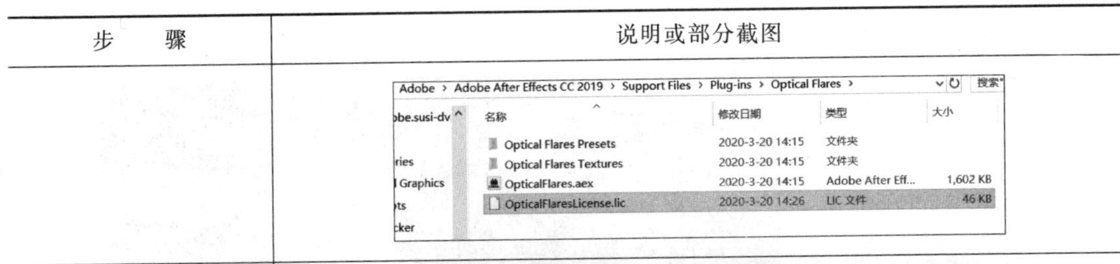
（3）在 AE CC 中新建合成，再新建一个纯色图层，添加"效果"→Video Copilot→Optical Flares 特效	
（4）在"效果控件"面板中单击 Position XY、Center Position、Rotation Offest 之前的码表，添加相应的关键帧，制作一段运动动画，产生光源和光柱同步运动且略微有些旋转偏移的效果。 Flicker（闪烁）项中 Speed、Amount 的值用于控制产生"闪烁"的动画效果	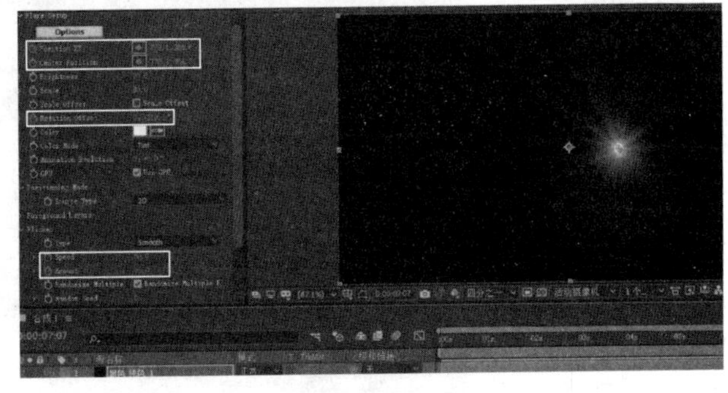
（5）单击 Options 按钮，打开灯光类型选择及设置对话框。 可从预设的灯光类型中选择其一，单击 OK 按钮，完成灯光选型设置	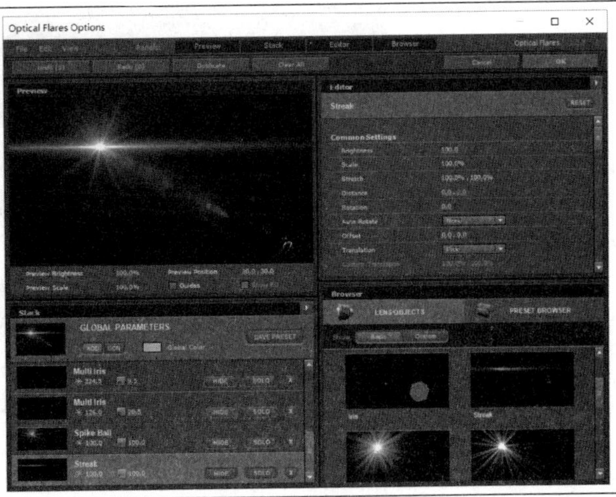

续表

步　　骤	说明或部分截图
(6) 添加一个文本图层,完成最终的动画效果设计	

三、任务拓展

圆周运动

制作一个光效绕路径做圆周运动的效果。

步　　骤	说明或部分截图
(1) 在 AE CC 中导入一张图片,依据其新建合成。 再新建一个纯色图层,添加"效果"→Video Copilot→Optical Flares 特效。 将图层的混合模式设置为"屏幕"	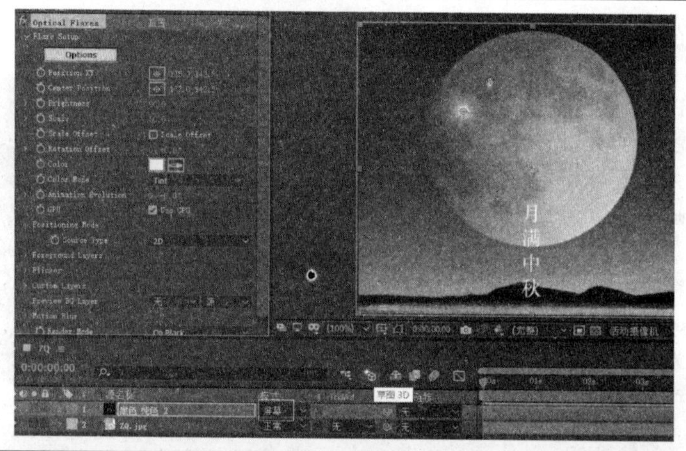
(2) 保持纯色图层选定状态,使用椭圆工具绘制一个正圆蒙版,蒙版选项为"无"。 在"效果控件"面板,将 Source Type 设置为 Mask,Mask 设置为"蒙版 1",从而使光源中心点移动至正圆之上	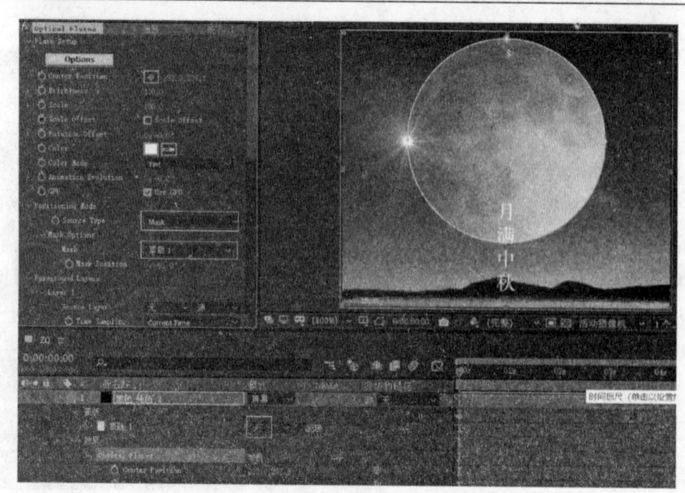

续表

步　骤	说明或部分截图
（3）调整 Speed、Amount 的值分别为 20、50，从而使光效产生闪烁的效果。 单击 Mask Position 之前的码表，将首、尾关键帧的值设置相差－1（顺时针旋转一周），从而完成光效的圆周运动	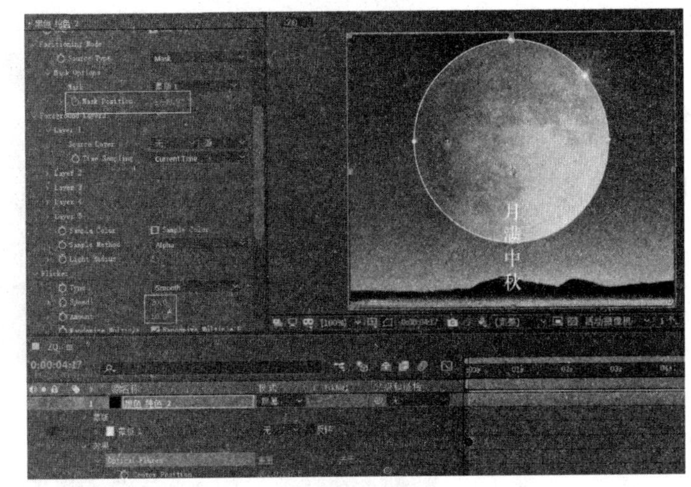

任务六　AE 模板

一、任务导入

AE CC 模板是由 After Effects CC 软件生成的一种扩展名为(.aep)的工程文件，其中包括图片、音频、视频、脚本等素材，以国外的大师级模板为主体，用户只要进行简单的素材替换，就能快速制作出超震撼、超专业的影视作品。

AE 模板

二、任务实施

步　骤	说明或部分截图
（1）在 AE CC 中打开模板主文件（扩展名为 aep）或导入模板文件夹后再打开主文件。 在项目面板中新建一个文件夹，再导入一批图片文件备用	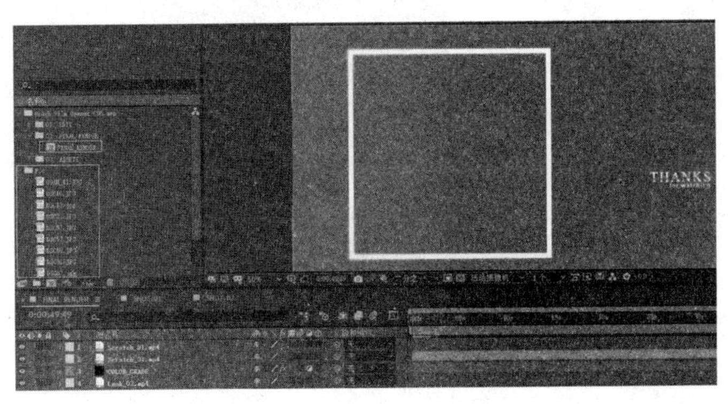

续表

步　骤	说明或部分截图
(2) 在项目面板中找到 EDIT(可编辑)文件夹,打开其中的每个图片或视频合成文件,逐个进行图片或视频素材的替换	
(3) 在项目面板中找到 EDIT(可编辑)文件夹,打开其中的每个文本合成文件,逐个进行文本素材的替换	
(4) 添加或替换背景音乐,其操作方法与前相同,不再赘述。 按组合键 Ctrl+M 对最终的合成(如 Final_Render)进行渲染输出	

三、任务拓展

用 RG Trapcode-Particular 插件制作一个经典的蝴蝶粒子动画效果。

蝴蝶粒子

<table>
<tr><th>步　　骤</th><th>说明或部分截图</th></tr>
<tr><td>（1）在 AE CC 中新建合成，再新建一个纯色图层，命名为“粒子”，添加 RG Trapcode-Particular 特效，并暂时隐藏“粒子”图层。
继续新建一个“空对象”图层，转换为三维图层并选定</td><td>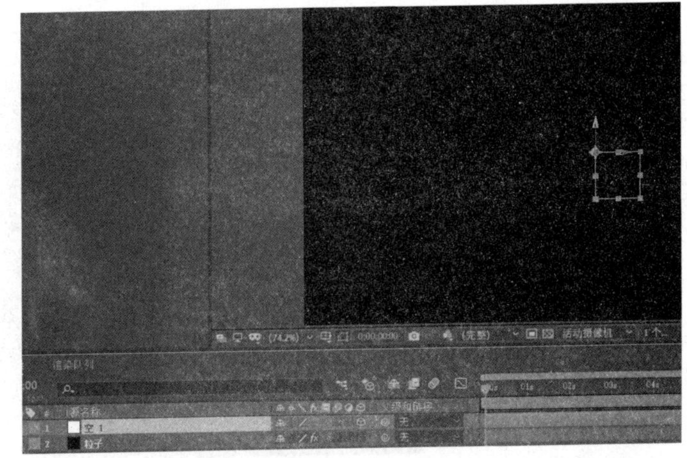</td></tr>
<tr><td>（2）按住 Alt 键单击“位置”属性之前的码表，输入表达式：wiggle(1,420)，让空对象产生抖动动画。
右击图层，在弹出的下拉菜单中，添加“变换”→“自动方向”→“沿路径定向”效果</td><td>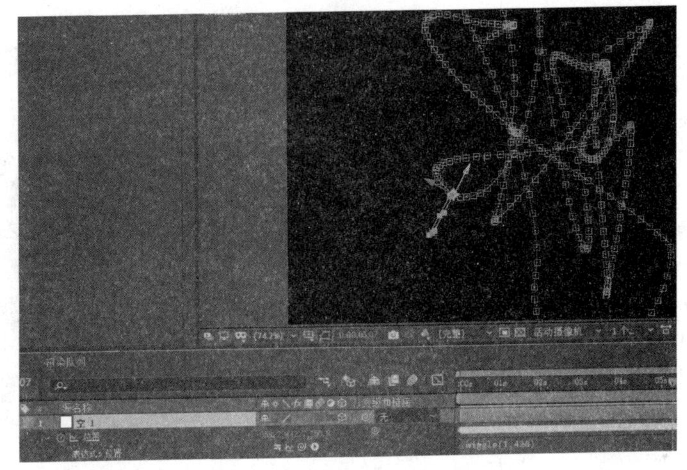</td></tr>
<tr><td>（3）导入半边蝴蝶图片素材至图层，命名为“左”并转换为三维图层。
用锚点工具移动中心点至右侧。
单击“Y 轴旋转”之前的码表制作三帧翅膀扇动的动画。
按住 Alt 键单击“Y 轴旋转”之前的码表，输入表达式：loopOut()，让翅膀扇动做循环运动</td><td>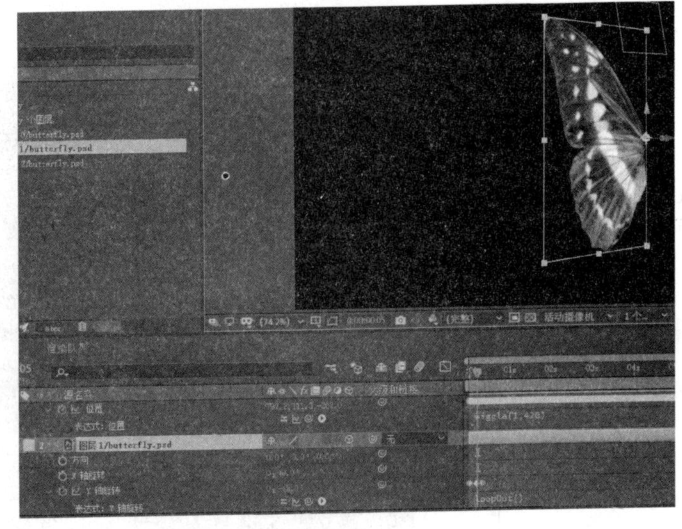</td></tr>
</table>

续表

步　骤	说明或部分截图
(4) 按组合键 Ctrl+D 复制“左”图层,重命名为“右”。 沿 Y 轴做镜像,再将中间关键帧的值由 −60 改为 60。这样蝴蝶一对翅膀扇动的效果就制作完成了。 将左、右两个图层的父级都绑定到“空对象”图层	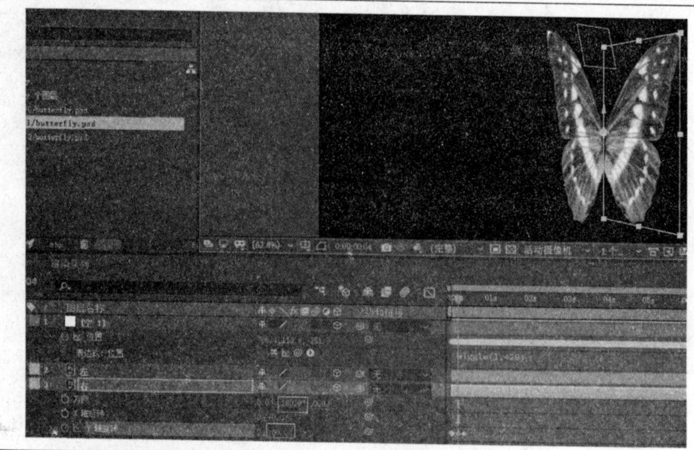
(5) 选中“粒子”图层,在“效果控件”面板中对 Particular 特效加以设定。 在 Emitter(发射器)项设置 Particles/sec 为 500 左右,Emitter Type 为 Layer,Velocity 为 0,Velocity from Moti 为 0,Emitter Size Z 为 0。 Layer 为“左”图层	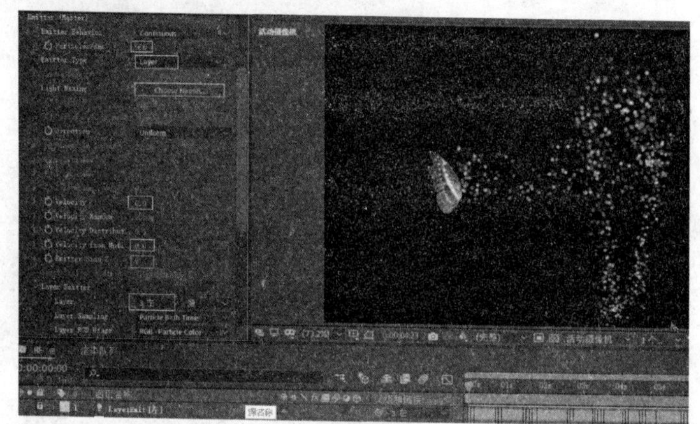
(6) 在 Particle(粒子)项设置 Life、Life Random 分别为 3、100,Size、Size Random 分别为 3、100。 Size over Life、Opacity over Life 均为预设的三角形	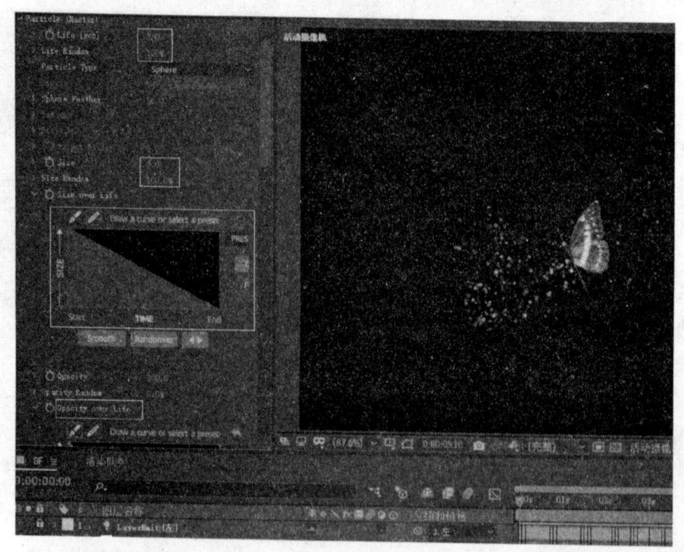

续表

步　骤	说明或部分截图
(7) 在 Physics(物理)项的 Turbulence Fields(扰动)子项，设置 Affect Position 为 300 左右，Scale 为 4 左右，从而使粒子产生飘动的效果	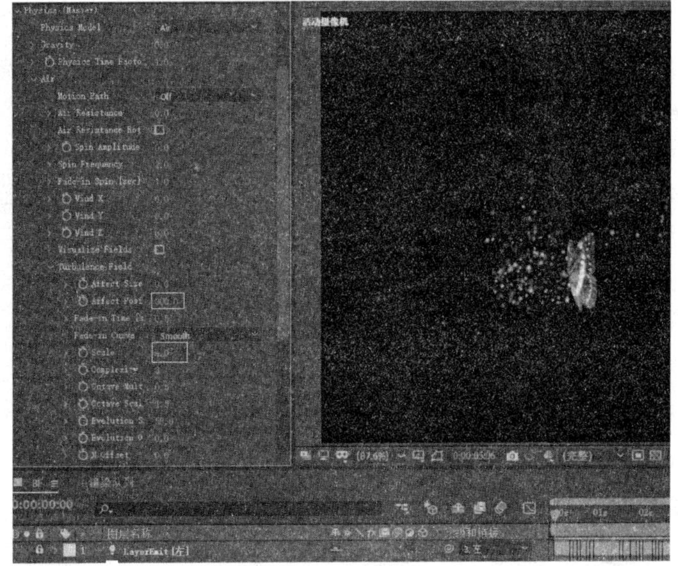
(8) 按组合键 Ctrl+D 复制“粒子”图层，在 Emitter(发射器)项设置 Particles/sec 为 1390 左右，Layer 为“右”图层，Random Seed 随机种子为 15000，从而使整个蝴蝶都产生动态的粒子效果，完成蝴蝶粒子动画效果的制作	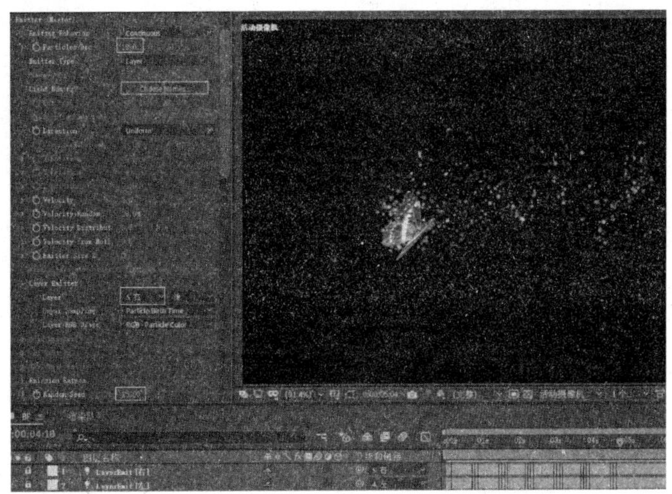

参考文献

[1] 布里·根希尔德. Adobe After Effects CC 2019 经典教程[M]. 郝记生译. 北京：人民邮电出版社，2019.
[2] 铁钟. After Effects CC 高手成长之路[M]. 北京：清华大学出版社，2014.
[3] 唯美世界. After Effects CC 2009 从入门到精通[M]. 北京：中国水利水电出版社，2019.